波尔多葡萄酒学院
品鉴课

［法］波尔多葡萄酒学院 著 倪复生 译

L'ESSENTIEL DES VINS DE BORDEAUX

中国友谊出版公司

图书在版编目（CIP）数据

波尔多葡萄酒学院品鉴课 / 法国波尔多葡萄酒学院著；倪复生译. -- 北京：中国友谊出版公司，2019.9
ISBN 978-7-5057-4745-6

Ⅰ. ①波… Ⅱ. ①法… ②倪… Ⅲ. ①葡萄酒－品鉴 Ⅳ. ①TS262.6

中国版本图书馆CIP数据核字(2019)第107249号

书名 波尔多葡萄酒学院品鉴课
作者 [法]波尔多葡萄酒学院
译者 倪复生
出版 中国友谊出版公司
发行 中国友谊出版公司
经销 新华书店
印刷 北京中科印刷有限公司
规格 880×1230毫米 32开
6.5印张 165千字
版次 2019年9月第1版
印次 2019年9月第1次印刷
书号 ISBN 978-7-5057-4745-6
定价 98.00元
地址 北京市朝阳区西坝河南里17号楼
邮编 100028
电话 （010）64678009

L'ESSENTIEL DES VINS DE BORDEAUX

Sommaire

目录

Sommaire

3 波尔多葡萄酒艺术

目录

4 从酒窖到餐桌

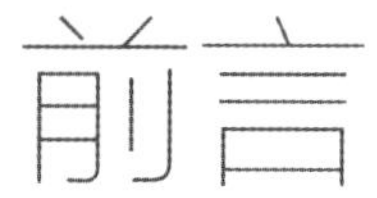

波尔多葡萄酒是什么？为什么是在波尔多？从何时起葡萄酒走向世界并成为一个地区、一片土地的象征？从何时起不同口味的葡萄酒有了自己的标准？是什么妙方成就了波尔多葡萄酒不朽的美誉？本书是在不考虑波尔多葡萄酒盛名的情况下，对这些问题做客观的回答。在本书中，除了要介绍波尔多葡萄酒的物理、化学及矿物成分之外，还将为您揭开波尔多葡萄酒背后隐藏的并起决定性作用的奥秘。这奥秘便是平衡之道，即通过多种色彩——红色、白色、淡粉色，以及红酒的鲜红色，甜白葡萄酒的金色，气泡葡萄酒的白色气泡——混合搭配形成的平衡。本书从土壤研究着手来剖析这种平衡之道，因为它隐匿在波尔多这片独一无二的混合土壤的氤氲中。在这里，葡萄种植和葡萄酒酿造仍然是手工作业，随着葡萄生物学及土壤学的不断发展，祖辈流传的葡萄酒技艺也日臻完善，葡萄种植和葡萄酒酿造法也同时得以改进，波尔多葡萄酒由此越发和大自然相得益彰。

酒杯中回荡着葡萄种植者劳作时的声响。他们耐心地用双手将大自然的馈赠与他们的珍贵的原材料制作成这些艺术品，且代代相传。对他们而言，梅洛、卡本内、苏维浓、赛米翁（波尔多所种植的四种葡萄）都是不可或缺的。所以说，是波尔多孕育了混合酿造的技艺，正是得益于这种技艺，并借助这种合力，葡萄才得以升华并被酿造成尤为惊人和复杂的葡萄酒。

一杯波尔多葡萄酒散发出的不仅仅是各种沁人的芬芳。

通过这本书，您可以探索其中的秘密，品尝其中的滋味。现在就请您在波尔多，在这个葡萄酒文化之都，开始您的平衡之道的学习之旅。

1

LES 波尔多葡萄酒的地理条件 VINS DE BORDEAUX, ÉTAT DES LIEUX

享誉世界的波尔多

波尔多西临大西洋，位于两大河流的交汇处，地域辽阔。葡萄是大自然给予波尔多的馈赠。自波尔多种植葡萄伊始，葡萄种植便与这座城市如影随形，至今已有两千年，波尔多地区的自然风貌及精神特质都深受其影响。葡萄让波尔多得以一种惊人的速度走向世界，人们从中不仅领略到波尔多独一无二的魅力，还明白了为什么波尔多是葡萄酒的代名词。

历史追溯

葡萄种植起源于包括格鲁吉亚、亚美尼亚以及伊朗北部等地方的近东地区。有关葡萄种植最早的文字或图形记载始于 2500 年前的美索不达米亚。大约在公元前 6 世纪，葡萄由希腊及腓尼基航海者经由马赛港引种到高卢南部。之后，在公元前 1 世纪，罗马人在高卢纳博讷大面积种植葡萄。起初，除了现今的加亚克西南地区及罗纳河河谷的埃米塔日地区外，南方葡萄的种植几乎颗粒无收。葡萄种植在这个时期主要集中在地中海沿岸。

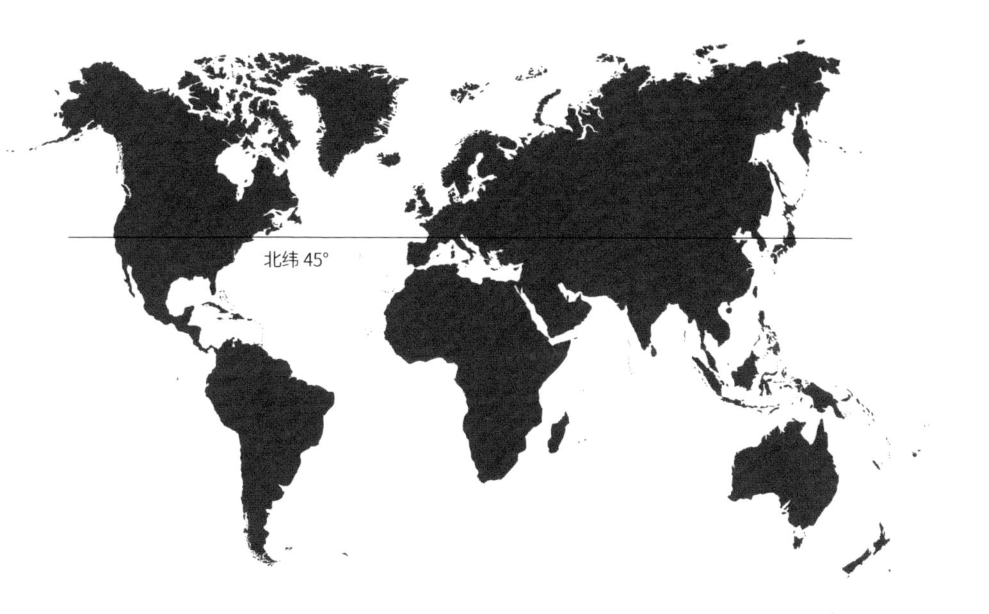

北纬 45°

横穿波尔多的北纬 45° 是全世界葡萄种植的理想纬度。同时，它也是葡萄酒的气候平衡线及分界线：北纬 45° 以南更加适宜红葡萄酒酿造，而以北则更加适宜白葡萄酒酿造。北纬 40° 到北纬 50° 之间是葡萄的理想产区。

到了公元 1 世纪，一切都发生了改变，因为主要从事商业和农业活动的凯尔特人在当地建立了布迪加拉城，这座城就是今天的波尔多。在这片地处加龙河与多尔多涅河交汇处的气候温和、土壤肥沃的天然宝地上，布迪加拉人逐渐形成了自己极富地区特色的生活方式。公元 4 世纪，波尔多诗人奥松（309—394）对这片美丽宜人的宝地及其所产的葡萄美酒曾大唱赞歌。这一切源自波尔多非常明智地引进的一个新葡萄品种——比图里吉葡萄。这种葡萄的耐寒力比当时种植面积达到一半以上的南方葡萄更强。比图里吉葡萄就是如今所谓赤霞珠（卡本内）葡萄的前身。

21世纪的波尔多，法国最大的原产地葡萄种植区

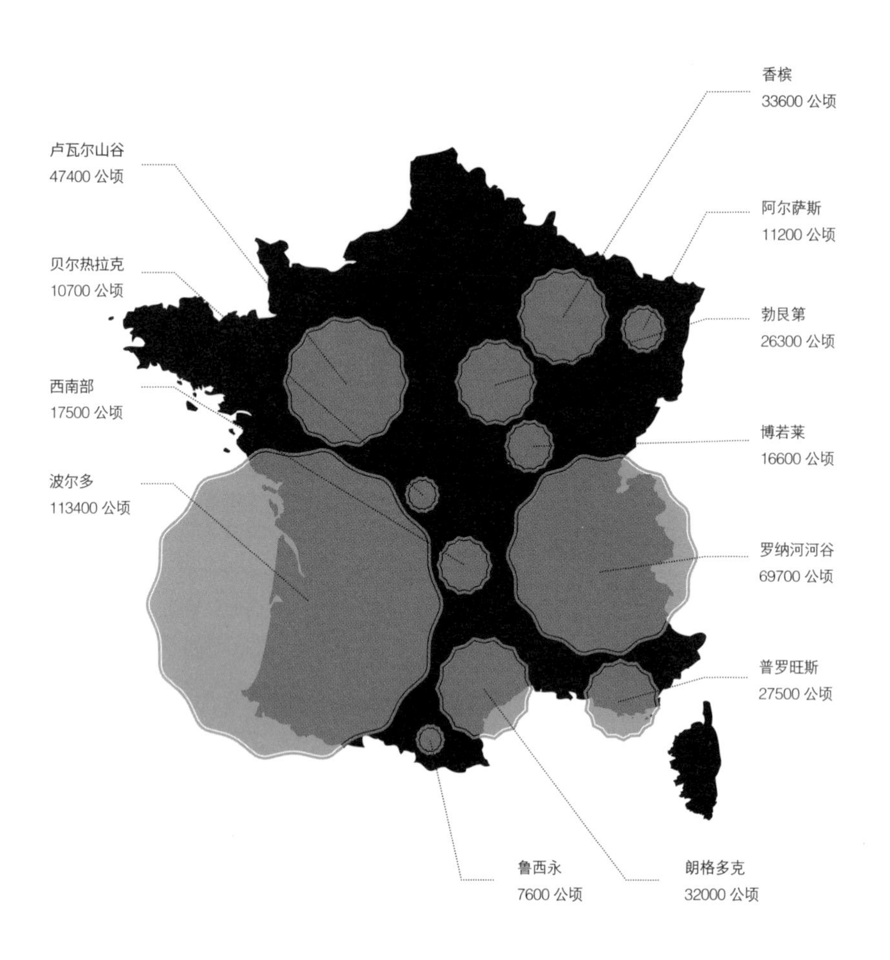

波尔多葡萄酒行业协会 / 来源：2013年行业协会数据

葡萄品种的更新打开了新局面。除了波尔多，欧洲及世界其他地方相继兴起了葡萄种植热。也正是从这个时期起，人们对葡萄的关注与日俱增。

波尔多与世界
数据如下

波尔多葡萄酒在世界葡萄酒市场中的地位如何?

2013 年，世界葡萄种植面积近 75 万公顷，葡萄酒总产量近 21.07 亿升。

欧洲大陆是最大的葡萄生产区，占世界总面积的 56%。法国、意大利、西班牙是三大主要生产国，它们为世界 47% 的葡萄酒生产提供原料。波尔多拥有 11.3 万多公顷的法定原产地葡萄，是法国原产地葡萄第一种植区。波尔多葡萄酒的产量占法国总产量的 15%，占世界总产量的 1.5%。

法国作为世界头号葡萄酒消费国（每人每年大约 48 升）是波尔多葡萄酒的首要消费市场，占波尔多葡萄酒销售总量的 58%。

波尔多的指定产区面积（公顷）

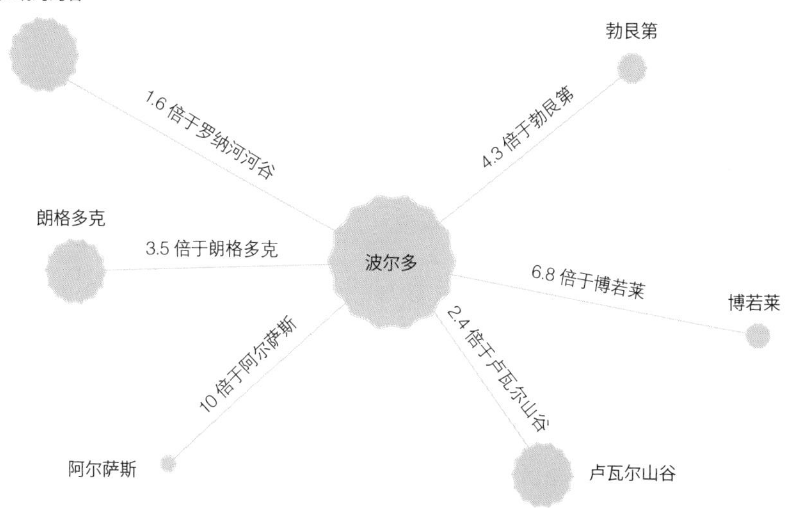

葡萄培育风向标

很多人认为，波尔多葡萄酒之所以成为葡萄酒界的翘楚，正是因为这个地区一直以来总是通过不断的革新来实现自我超越。

——抗恶劣天气的葡萄苗的引进，使葡萄种植得以延伸到更为凉爽的地方。

——在17世纪，在格拉夫这片土地上，出现了类似今天的有着极强可储存性的“现代”红葡萄酒。

——混合酿造的实践创新综合汲取了各种葡萄的优点，从而酿造出最多元最平衡的葡萄酒。

——便于运输和储存的玻璃酒瓶的推广使用（第一个专门制作葡萄酒瓶的玻璃厂由皮埃尔·米契尔于1723年在波尔多创立）。

——葡萄酒庄园概念的提出，引出了所有权概念，推动了葡萄酒品牌的建设。

——大学课程的开设（例如法国葡萄及葡萄酒大学）以及世界驰名的研究所的建立，使得酿造技艺得以与日俱新，葡萄酒工艺学知识得以传播推广。

总而言之，波尔多为现代葡萄品种培育做出了重大贡献，波尔多仍将是世界葡萄品种培育的风向标。

波尔多葡萄酒的出口

自中世纪以来，波尔多葡萄酒的出口便从未停止过。那么，今天波尔多葡萄酒的出口情况如何呢?

法国葡萄酒及酒精饮料出口中近1/5源自波尔多。在阿基坦地区的出口额占比中，波尔多葡萄酒的出口位列第一，高于航空器材出口，占出口额的17%。波尔多葡萄酒的出口以21亿欧元的盈余成为地区贸易顺差的首要贡献者。

波尔多葡萄酒的三大出口市场：东亚地区，主要是中国，中国自2011年以来便是波尔多葡萄酒的第一大进口国；北美地区一如既往；北欧国家（德国、英国、比利时、荷兰）。

从出口数量上来看，2013年波尔多葡萄酒的主要进口国家和地区按照进口数量高低排序依次分别为中国、德国、英国、比利时、日本、美国、中

2012 年到 2013 年波尔多葡萄酒销售：法国及出口

每秒有 23 瓶波尔多葡萄酒售向全世界。2012—2013 年波尔多葡萄酒商品化达 5.57 亿升，即 7.43 亿瓶葡萄酒，价值高达 42 亿欧元。

法国
58%
出口
42%

数据来源：海关

产品销售分布

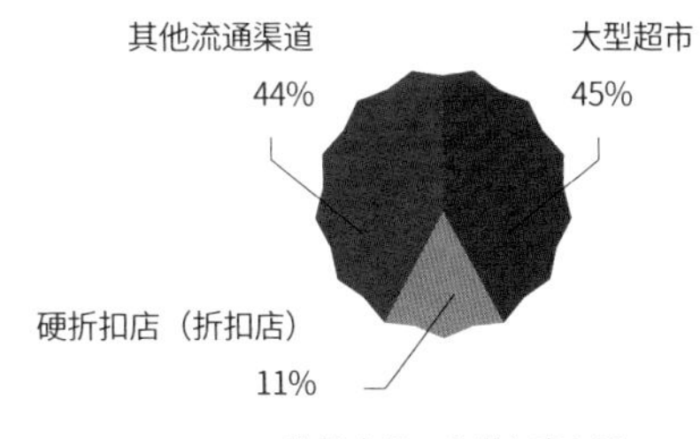

数据来源：康塔尔事务所

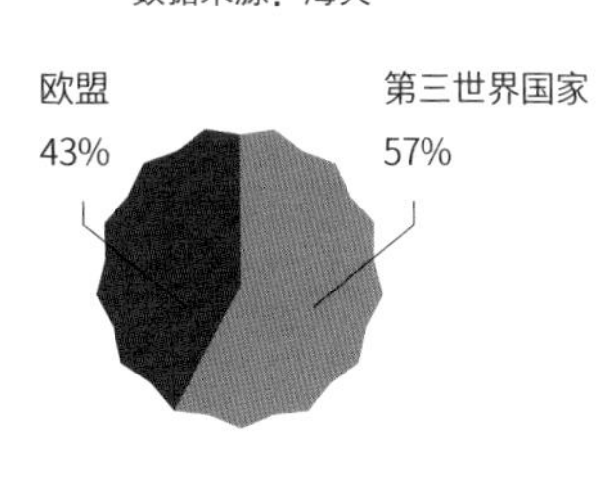

数据来源：海关

国香港、加拿大、荷兰、瑞士、立陶宛、喀麦隆、韩国、拉脱维亚以及波兰。

从出口额来看，排名有所不同：英国位列第一，中国第二，其次是中国香港、美国、德国、瑞士、比利时、日本、加拿大、荷兰、新加坡、中国台湾、中国澳门、阿拉伯联合酋长国和丹麦。

2013 年，40% 以上的波尔多葡萄酒用于出口，其中大约 2/5 出口到欧盟国家，3/5 出口到第三方国家或谓主要出口对象国。出口最多的葡萄酒是波尔多原产地控制命名葡萄酒（60%），其次是梅多克葡萄酒和格拉夫葡萄酒（15%），干白葡萄酒（10%），圣埃美隆－波美侯－弗龙萨克葡萄酒（8%），波尔多丘葡萄酒（5%），甜白葡萄酒（1%）。

从 2000 年年初开始，除了一些特殊年份外，都是第三方国家在经济危机时支撑着葡萄酒的出口，防止了经济低迷，刺激了经济增长。近年来持续增长的出口使波尔多葡萄酒逐渐享誉亚洲地区，尤其在中国。当然，在北美也取得了相当大的成功。

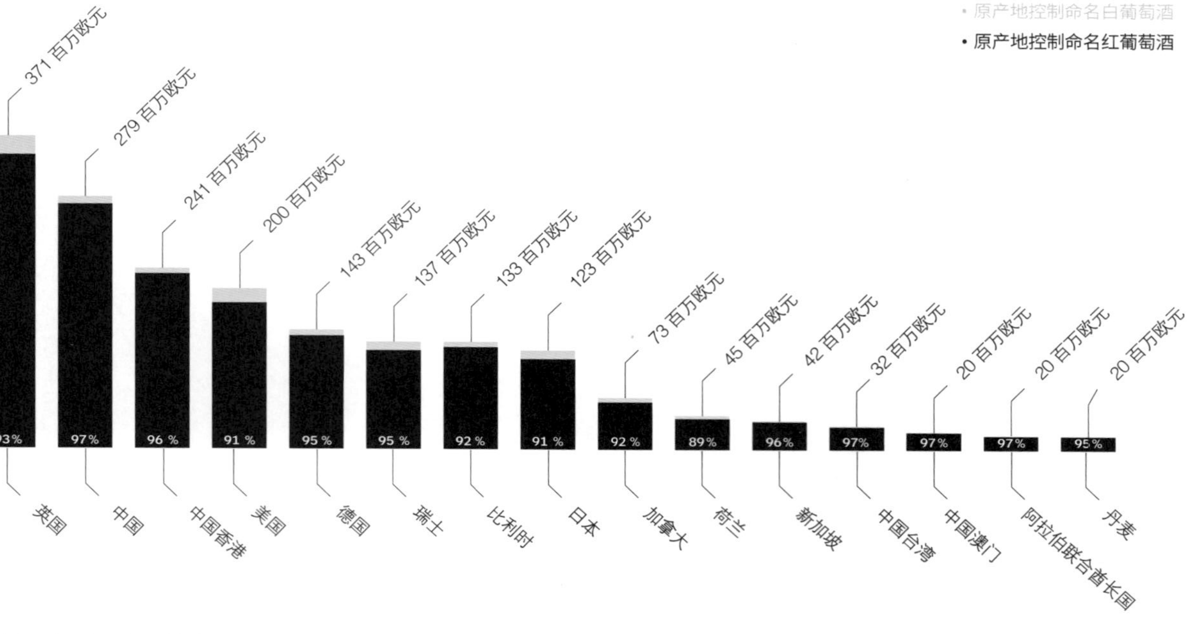

（其中百分比表示出口总额中红葡萄酒所占百分比）

波尔多葡萄酒行业协会——经济及研究学习 / 来源：海关

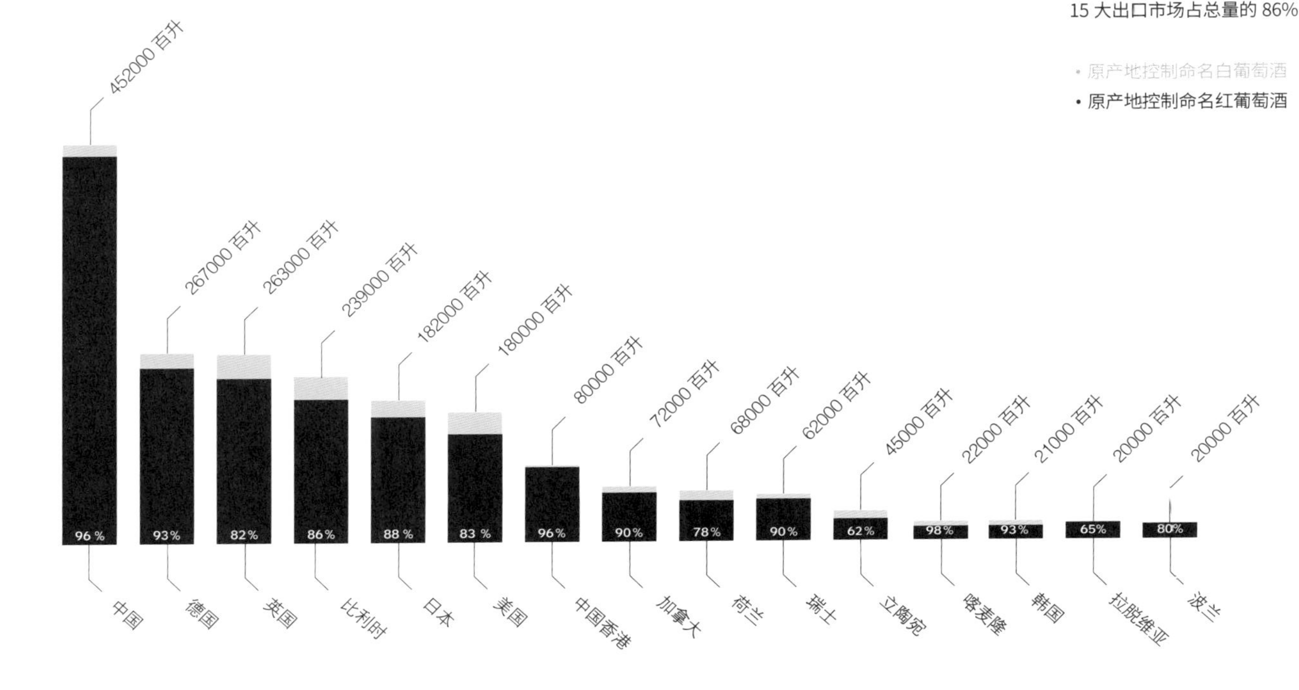

（其中百分比表示出口总量中红葡萄酒所占百分比）

什么是“原产地控制命名”/“原产地保护命名”（AOC/AOP）

现今，欧盟葡萄酒标准规定了葡萄酒的三个等级。

无地区标识酒（VSIG）。也就是之前的“日常餐酒”。现在，这个级别的葡萄酒在酒标上以“葡萄酒”标识出来，后面加上生产商的国别；比如“法国葡萄酒”，这就表明葡萄采摘及酿造都是在这个国家进行的。

地区保护酒（IGP）（欧盟用语）亦作“地区餐酒”（法国用语）。这个级别的葡萄酒的生产从某个省或某个区域的葡萄采摘开始便需遵循既定的生产规定，并要求在这个省或这个区域，也就是原产地进行酿造，这便是地区保护酒，如“大西洋地区餐酒”。

原产地保护命名酒（AOP）/原产地控制命名酒（AOC）。原产地保护命名（欧盟用语），原产地控制命名（法国用语），在法国，原产地控制命名被视为葡萄酒品质的保证。法国国家葡萄酒原产地及质量管理局（INAO）委托品质保护管理机构（ODG）对原产地控制命名酒的生产、酿造及销售管理做了严格的规定并予以公告。葡萄酒只有达到其要求条件，才能列入原产地控制命名这个级别。在原产地，葡萄酒生产受到检查部门及认证部门的监管，这两个部门严格遵循生产标准对生产者、酿造者及经销商等葡萄酒从业人员进行监管，内容涉及种植面积、选苗、产量、级别以及培育方法和酿造方法。

在法国 AOC 标识必须标注原产地名（地区、村庄……）并加注“原产地控制命名/原产地保护命名”（AOC/AOP）标识，也可以注成“某某产地控制命名/保护命名”。

波尔多有 60 个原产地保护命名/原产地控制命名法定生产区，有部分原产地控制命名酒还有红葡萄酒或白葡萄酒之分。

需要说明的是，原产地控制命名/原产地保护命名是保护消费者权益的补充手段，但获得这一认证并非一劳永逸。生产商和经销商每年会由于新的葡萄收获年份的到来，而做出变更认证的请求，同时还要接受对其产品及生产器具的监管。

波尔多葡萄酒，有

113400 公顷的原产地控制命名葡萄种植园。

525000000 升的原产地控制命名葡萄酒产品，也就是 7 亿瓶葡萄酒（2012 年）。

42 亿欧元的销售额。

60 个原产地控制命名法定生产区。

7375 个葡萄种植者，其中 92% 达到原产地控制命名级别，89 个葡萄酒经销商，300 个葡萄酒交易所，36 个葡萄酒储存窖，4 个合作社以及 55000 名葡萄酒从业者或相关从业者。

58% 的波尔多葡萄酒用于满足法国国内消费，余下的 42% 用于出口。

全世界每一秒有 23 瓶波尔多葡萄酒售出。

在法国：

将近 2/3 的波尔多葡萄酒在法国国内销售，其中的 1/3 通过咖啡店、旅馆及饭店售出。

将近 1/2 的法国家庭购买波尔多葡萄酒作为日常餐酒。

超市、商场、大型超市始终是波尔多葡萄酒的重要销售渠道，主要依靠葡萄酒展销手段。

波尔多葡萄酒在欧盟命名的变化如下

原等级名	新等级名	备注
日常餐酒（VDT）	无地区标识酒（VSIG）	根据最新规定，无地区标识酒为第一级别酒
地区餐酒（VDP）	地区标识保护酒（IGP）	根据最新规定，地区标识保护酒和原产地保护命名酒统称为地区标识酒，列为第二级别酒
原产地控制命名（AOC）	原产地保护命名酒（AOP）	

2

BORDEAUX

波尔多葡萄酒

独具葡萄酒特色的 波尔多

波尔多葡萄酒风格迥异、色彩多样，它的独具一格名副其实，而其最突出的特点便是平衡。这是葡萄种植与混合酿造之间的平衡，是味觉享受与精神愉悦之间的平衡。波尔多作为世界重要的城市之一，代表着一种独特的生活艺术。

波尔多，葡萄酒之都

波尔多市地处波尔多葡萄种植区的中心位置，是波尔多葡萄酒的象征及形象代表。波尔多与格拉夫产区比肩而邻，或者说紧挨着格拉夫葡萄产区，自古以来，这里便氤氲着一股葡萄酒的芳香，且葡萄酒产业汇集，波尔多的“葡萄酒之都”可谓当之无愧。（请见本书第40页、42页《波尔多葡萄酒，神话般的诞生》）

时间进入20世纪，加龙河河堤上那被岁月和河上船只的浓烟所浸染变黑的城墙讲述着这座城市悠久的历史。波尔多市十多年以来的改造及开发再现了波尔多在启蒙运动时期的光辉。见证了多年来无数次商品卸载及葡萄酒装船作业场景的河岸得到翻修和开发，修建于17—18世纪的怪面金色石灰

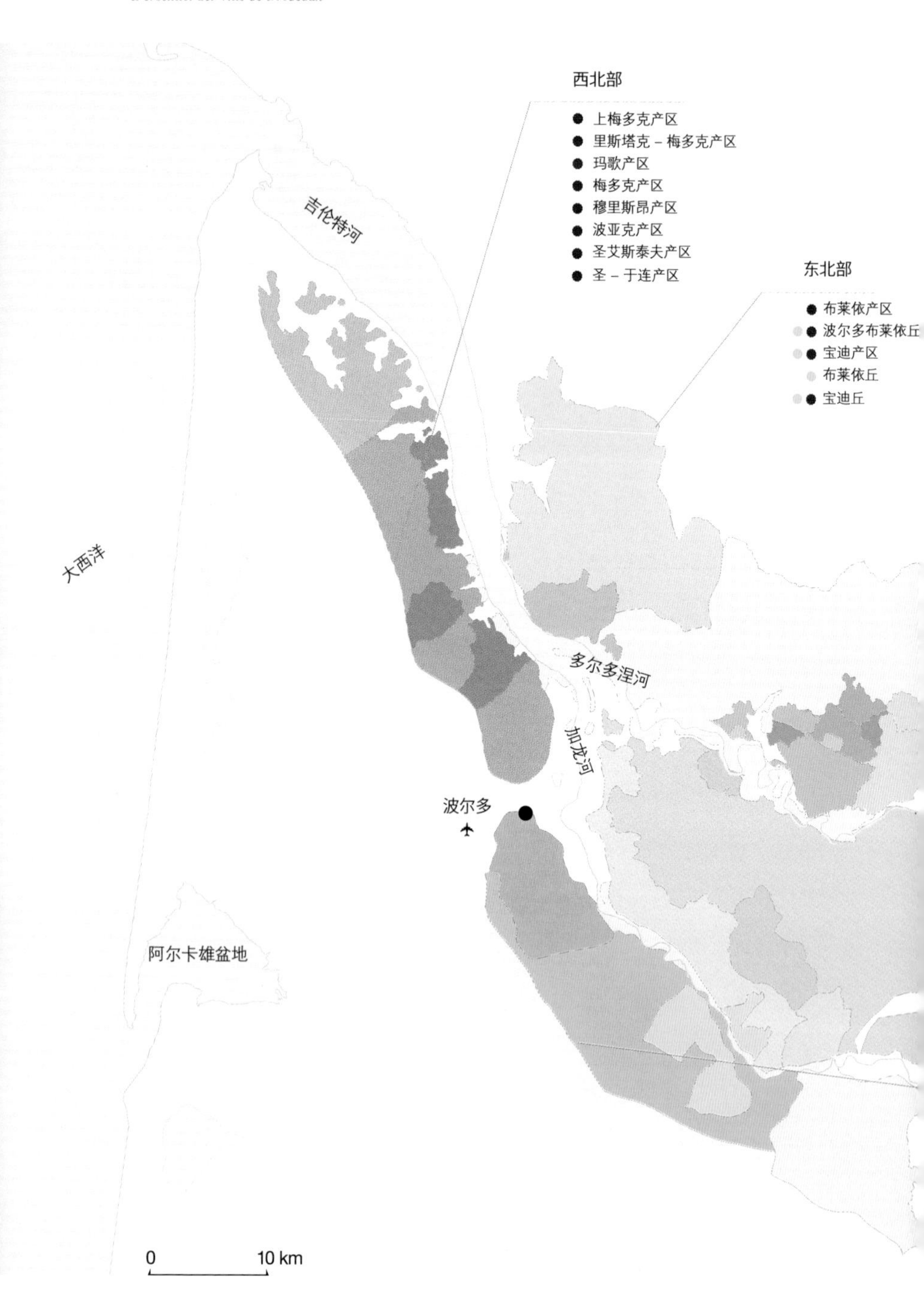
西北部
上梅多克产区
里斯塔克－梅多克产区
玛歌产区
梅多克产区
穆里斯昂产区
波亚克产区
圣艾斯泰夫产区
圣－于连产区
东北部
布莱依产区
波尔多布莱依丘
宝迪产区
布莱依丘
宝迪丘
吉伦特河
大西洋
多尔多涅河
加龙河
波尔多
阿尔卡雄盆地
0
10 km

波尔多葡萄园

- 紫色代表红葡萄酒
- 粉红色代表粉红葡萄酒
- 金黄色代表干白葡萄酒
- 深黄色代表甜白葡萄酒

东部

- 卡农－弗龙萨克产区
- 波尔多卡斯蒂隆丘产区
- 波尔多福伦克丘产区
- 弗龙萨克产区
- 拉朗德－波美侯产区
- 吕萨克－圣埃美隆产区
- 高山－圣埃美隆产区
- 波美侯产区
- 普色冈－圣埃美隆产区
- 圣埃美隆产区
- 圣埃美隆列级酒庄产区
- 圣乔治－圣埃美隆产区

波尔多产区可生产以下级别葡萄酒:

- 波尔多葡萄酒
- 波尔多淡红葡萄酒
- 波尔多粉红葡萄酒
- 超级波尔多
- 波尔多起泡葡萄酒

东南部

- 波尔多上伯日诺产区
- 卡迪亚克产区
- 波尔多卡迪亚克丘产区
- 波尔多丘圣玛凯产区
- 两海之间产区
- 两海之间上伯日诺产区
- 韦雷－格拉夫产区
- 卢皮亚克产区
- 波尔多首丘产区
- 圣十字峰产区
- 圣福瓦－波尔多产区

西南部

- 巴萨克产区
- 塞隆产区
- 格拉夫产区
- 超级格拉夫产区
- 佩萨克－雷奥良产区
- 苏玳产区

葡萄酒文化城

这项宏伟工程计划于 2016 年对外开放，旨在将波尔多建成一座以葡萄酒为主题的文化城。该葡萄酒文化城同时也将是建筑领域内的一场革新。文化城将在加龙河的沿岸，河堤的延伸地带，兴建面积达 1.4 万平方米的葡萄园以供人游玩，届时游客们可身临其境感受葡萄酒文化。

由法国 X-TU 和英国 Casson Mann 建筑设计院组建的联合团队，为文化城设计了一条穿越 23 个葡萄酒主题馆的永久性的、有“多重感受”的参观线路。这些主题馆分为六大功能区域：文化中心、葡萄酒畅想、波尔多、葡萄酒和您、世界葡萄种植、从葡萄到葡萄酒。同时，文化城将建有观光餐厅、葡萄酒品尝室、音乐厅、临时展览厅，预计每年将迎来 42 万游客。

详情请见：www.centreculturedu vin.com

石河堤重现出了其最初的面貌。河堤的整治疏导了汽车通行，方便了行人欣赏城里的景象和沿河风景。法国著名的建筑师加布里埃尔（Ange-Jacques Gabriel）于 1730—1755 年建造了交易所广场和周围壮丽的建筑物。交易所广场对面坐落着一面巨大的水镜，水镜倒映着河口地区变幻多样的天空。夏天，人们在这里一边乘凉，一边欣赏着由河流、天空及城市魅影所组成的和谐画面。

2007 年，联合国教科文组织正式将波尔多列入世界遗产名录，波尔多由此吸引了愈来愈多的旅游者。那么，波尔多是一座生活艺术之城吗？答案是毋庸置疑的。因为它是一座集气候温和、自然资源丰富、频临大西洋、位于两大河流交汇处等优良条件于一身的城市，一座拥有众多酒窖、咖啡馆、博物馆、画廊，并被公认为美酒与美食之都，一座按人口比而言餐厅最多的城市。在这里，人们随时随地都可以就着红酒品尝到从波尔多牛排到红酒鳗鱼、从阿卡雄生蚝到川菜等美食。

波尔多文化的另一个重要特点就是它的开放性。波尔多历来就是一座汇聚八方来客的城市。交易所、葡萄园中的南腔北调，证明了波尔多人迁延自世界各地，连绵已有数代人之久。他们或来自法国如加斯科涅等各个地区，或来自英国、爱尔兰、斯堪的纳维亚、荷兰、奥地利、西班牙、葡萄牙等世界各地。自17世纪以来，波尔多商业实际上成了行业中的贵族精英，这种精英仰仗的是土地所有权及世袭权，依靠的是前来寻找发财机会的移民或受波尔多的魅力吸引纷至沓来的下船做短暂停留的过客。在波尔多，巴顿、科万及卢顿等姓氏源自爱尔兰，施勒源自奥地利，科鲁兹源自丹麦……这种开放性对保持这座城市的活力及营造独一无二的氛围起着重要作用。

在波尔多不过几日的游玩，游客们便会被波尔多丰富多彩的旅游传记、精心的行程安排或酒庄本身所说服并承认：快来波尔多学习葡萄酒的平衡之道以及波尔多人的快乐之道吧！

波尔多酒庄

提起波尔多葡萄酒，我们必须解释一下“酒庄”这个名词。

在波尔多葡萄产区，“酒庄”不仅仅指的是葡萄园所有者的家庭住房，它还指葡萄的开发用地。吉伦特省的大部分葡萄酒的名字都带有“酒庄”二字，当然，也有部分例外：比如，产自波美侯产区的柏图斯（Petrus）葡萄酒，以及产自苏玳产区一级酒庄的奥派瑞甜白葡萄酒（Clos-Haut-Peyraguey）。在吉伦特省，酒庄起源于17世纪，但一些建筑学意义上更古老的房屋在成为葡萄酒酒庄之前实际上就已经是酒庄了，比如，苏玳产区滴金庄（Château d' Yquem）的葡萄酒在16世纪末已开始闻名于世，但这个酒庄建筑本身可追溯到中世纪。梅多克产区的拉图嘉利庄园（Château La-Tour-Carnet）同样也是这种情况。18世纪中期到19世纪末，波尔多产区的酒庄不断增加，尤其是19世纪下半叶，在1855年酒庄分级制度确立之后，梅多克产区的酒庄发展尤其活跃。

在葡萄产区，人们可以看到从优美的查尔特勒修道院（根据当地说法，它就是18世纪末19世纪初的小酒庄）到普通而不失高雅的吉伦特房屋，以及新古典主义的建筑等风格多样的酒庄。自1855年起，酒庄开始成为呈现庄园主远大抱负的橱窗，风格迥异的酒庄发展迅速，有新哥特式、新文艺复

兴式酒庄，甚至还有东方式酒庄，比如爱士图尔酒庄（Cos d' Estournel）（位于圣艾斯泰夫村）的宝塔就是中国式的建筑。

波尔多酒庄并不因繁荣而显得浮夸。很多酒庄的面积相对较小。很多“酒庄”其实就是一栋普通的富人家的房子，甚至是农舍。建筑师的天赋很多时候不仅仅体现在酒庄的建造上，同样还反映在酒庄的相关设施上（如酒窖、酿酒桶）。比如，马列斯歌酒庄（Château Malescot Saint-Exupery）（位于玛歌产区）、庞特卡奈酒庄（Château Pontet-Canet）（位于波雅克产区），在这里，葡萄酒酿造的整个流程令人叹为观止。

如今，波尔多酒庄仍在继续发展，人们精心建造可供参观的酒窖，有

意识地增加它们的吸引力。很多酒庄，尤其是一些列级酒庄都邀请知名建筑师设计改造它们的酒窖。这种潮流对现今吉伦特省葡萄酒旅游经济的发展起着不可忽视的作用。人们可参考相关网站或者本书第 39 页的“旅游篇”《葡萄酒旅游攻略》来了解这些神奇的改造过程。2009 年，知名建筑师尚 - 米歇尔 · 威尔莫特（Jean-Michel Wilmotte）在爱士图尔酒庄的旧墙体上安置了一组锥形不锈钢酿酒槽，这些酒槽呈现出一幅惊人的未来主义装饰图案。2011 年，由克里斯蒂安 · 德 · 波特赞姆巴克（Christian de Portzamparc）将白马庄（Château Cheval Blanc）的新酒窖设计成安放在葡萄树上的一个巨大的椭圆物，看起来就像是没有重量一般。木桐酒庄（Chateau Mouton

Rothschild）是酒窖设计革新的最新力作，它被贝尔纳·马泽耶尔（Bernard Mazières）设计成这番模样：在一座教堂式的建筑物中，64 个多数为木质其余为不锈钢的酿酒槽被前置并安放在不锈钢支柱支撑着的巨大橡木骨架上。当然，这些酒窖只不过是极少一部分，在波尔多葡萄庄园里，还有无数这样的例子有待探究。

葡萄酒旅游：葡萄酒之路

了解波尔多葡萄酒最好的办法就是来波尔多，在这个盛产葡萄酒的地方探索它的奥秘。吉伦特省是法国第一大葡萄酒旅游目的地，每年有 430 万人次游客，其中 31% 是外国游客。参观葡萄园和品尝、购买葡萄酒一样，是吸引游客的主要活动内容之一。

如今，葡萄酒互联网旅游平台方便了人们了解葡萄产区，有越来越多的葡萄酒庄园建立了自己的网站，并向游客开放（部分需通过预约）。

旅游路线多种多样，遍布整个区域，方便人们探究以下地区。

西北部（梅多克产区），循着葡萄酒庄园之路，穿过由南到北的半岛，可以参观很多梅多克葡萄酒庄园（其中不乏 1855 年被列为名牌的葡萄酒）以及风格多样的庄园建筑。

北部（布莱依产区、宝迪产区），沿着河口湾，抵达葡萄山丘，在罗马风格钟楼的阴影下，品鉴果香馥郁、充沛丰盈的葡萄酒。

东部，围绕着圣埃美隆、波美侯、弗龙萨克产区，有一条文化遗产之路，沿途有闻名遐迩的葡萄酒以及美丽的乡村风景。

东南部（两海之间产区、波尔多产区）。沿着巴斯蒂酒庄，品味醇正的白葡萄酒。

西南部（格拉夫、苏玳产区）。在通往格拉夫产区的路上，在朗德森林的入口，可以观赏多样地貌，穷尽红葡萄酒、干白葡萄酒、甜葡萄酒之异同。

葡萄酒旅游攻略

《波尔多葡萄酒旅游》

为了游客能够在面对不同报价、各色葡萄种植园及各类葡萄酒时做出最佳选择，波尔多葡萄酒各业理事会（CIVB）与阿基坦大区旅游委员会（CRT）合作，共同推出了一款名为《波尔多葡萄酒旅游》的应用软件，主要针对的是智能手机以及触屏平板客户终端。有了这个软件，只需要简单搜索，附近一切葡萄酒旅游路线报价尽收眼底，游客可以据此安排旅居，调整旅游路线。

《智能波尔多》

它也是一款针对智能手机及平板电脑（需接入互联网）的免费应用软件。《智能波尔多》方便游客迅速了解波尔多葡萄酒全方位的信息。只要扫一扫酒瓶（酒标、条形码、二维码），《智能波尔多》便会提供一切与之有关的葡萄种植者、经营者的实用信息，包括产区、级别、颜色、葡萄品种、酿酒桶容量、荣誉（得奖或评分）、土壤特质、酿酒技术、葡萄酒旅游等。游客可以通过扫描酒瓶发表评论，将自己的印象、感想发布到互联网上。通过输入一些关键信息（颜色、口感、级别……），《智能波尔多》还可以根据游客需求为其在众多葡萄酒中推荐一款合适的产品。

葡萄酒旅游相关网站

www.bordeauxwinetrip.com

www.smart-bordeaux.com

www.bordeaux-tourisme.fr 波尔多旅游局官方网站

www.oenoland-aquitaine.fr

www.tourisme-gironde.fr 涉及波尔多葡萄园和酒窖条例

www.tourisme-aquitaine.fr 涉及葡萄园原产地标识

波尔多葡萄酒，神话般的诞生

“Claret”（波尔多红葡萄酒的英文称谓）名字的由来及其最初的商业化发展

波尔多葡萄酒历史可追溯到古高卢（罗马）时代，而吉伦特省葡萄种植在中世纪便已成为葡萄酒工艺学的典范，自那时起，葡萄酒商业化发展便从未停止过。

1152年，阿基坦女公爵埃莉诺（Aliénor）嫁给未来的英国国王亨利二世（Henri Plantagenêt）。自此，阿基坦地区和英国开始了商业往来。英国人出口食品、纺织品、金属制品，同时进口他们非常喜爱的波尔多葡萄酒。他们给波尔多葡萄酒起了个别名“clarets”以彰显它的柔顺细腻的口感。

大量英国商船，加上从吉伦特河口到波尔多港口便捷的交通，方便了葡萄酒的海路运输，促进了波尔多葡萄酒贸易的快速发展。这个时期，葡萄酒装运用的是容量为900升的木桶（相当于如今4个容量为225升的大桶）。这种木桶后来成为国际海运的标准容积单位。

但这种贸易却因法军在阿基坦地区进行的争夺战而于1453年中断了。

荷兰人的作用以及新法国葡萄酒

17世纪，荷兰人、汉萨人（Les Hanséates）、布列塔尼人来到了波尔多，这些新客户的到来使波尔多葡萄酒的发展迎来了新纪元。葡萄酒出口对象的变化伴随着葡萄酒出口的深刻变革。荷兰人将葡萄酒视为生命之水，由此，他们创立了与先前的英国人迥异的商业惯例，他们不但进口传统的红葡萄酒，还进口干白葡萄酒和甜葡萄酒。与此同时，荷兰工程师开始着手改造梅多克地区土壤的排水工程，这项工程大大促进了该地区之后的葡萄酒文化发展。最后还是荷兰人将硫布条熏酒桶的方法引进到波尔多，这种方法保证了葡萄酒在酿造及运输过程中品质不变。

17世纪末，波尔多酿造出了一种新品红葡萄酒，这得益于阿诺特·德·波克三世（Arnaud III de Pontac）在其位于碧莎村（Pessac）的奥比昂庄园（红容颜庄）（Haut-Brion）的发现：他注意到贫瘠且含沙砾的土壤产出的葡萄酒色彩明艳，口感醇厚，易于保存。而之前，葡萄酒多产自靠近水源的黏土质地（峡谷冲积地）。这种新式法国葡萄酒在英国深受欢迎，可以说它是波尔多现代红葡萄酒的前身，它同时也预示了波尔多葡萄酒文化在18世纪的新一轮飞跃发展。

美洲各岛

18世纪，圣多明戈岛、小安的列斯岛等美洲各岛促进了波尔多葡萄酒的出口增长。这种殖民交易维持了波尔多葡萄酒在法国大革命前的贸易繁荣。而英国所进口的吉伦特省葡萄酒仅占其出口量

的10%，但在伦敦上流社会，细腻醇厚的波尔多葡萄酒依然深受大家喜爱。

正是这个时期出现了木塞封口的酒瓶，这种新容器在运输过程中渐渐取代了木桶。

危机和繁荣

19世纪初，吉伦特省葡萄酒的销售状况大体可用“萎靡不振”这个词来形容。之后，临近19世纪中期，一种人称“白粉病”的可怕的真菌病害开始在葡萄种植园肆虐。据观察，这种病例1845年最先出现在英国，大约在1851年第一次出现在波尔多。直到1857年，人们才发现硫黄喷雾可以抑制这种病害。一旦摆脱了白粉病的危害，波尔多葡萄酒贸易便再次走向繁荣。

此时，根据拿破仑三世的要求，著名的1855年波尔多酒庄分级制度问世。这种分级体系涵盖了吉伦特河左岸最有名的葡萄产区（包括梅多克产区、苏玳产区、格拉夫产区、奥比昂酒庄）。波尔多葡萄酒得到了托马斯·杰斐逊（Thomas Jefferson）的青睐，这位美利坚合众国未来的总统花了半个多世纪的时间来建造白宫的第一个地下酒窖。

20年过后，一场新的灾难来临，这就是1875年到1892年的葡萄根瘤蚜虫害。从美国引进的受葡萄根瘤蚜虫感染的植物几乎感染了法国所有的葡萄苗。最终，美国抗蚜虫砧木和法国葡萄苗的嫁接拯救了波尔多葡萄园，这个方法很快被所有法国葡萄园引用。然而，这个方法也有其弊端，因为继葡萄根瘤蚜虫害之后，新的灾害“霜霉病”又席卷而来。这种强大的寄生虫最终因有名的“波尔多糊糊”（石灰，硫酸盐和铜的混合体）的出现而得以被抑制。

规范管理时代

20世纪来临，法国葡萄园经历了一场可怕的危机。这场危机可以归因为走私和降价。为了规避风险，保护原产地葡萄酒，1911年吉伦特省参与起草了一项国家法律。这项法律为波尔多葡萄园以及吉伦特省以外的省份规定了列级葡萄产区的范围。不过，这项法律并没有得到有效实施（因为恰逢第一次世界大战爆发）。直到1936年法国国家原产地名称管理委员会（INAO）成立，这项法律才得以恢复实施。自此之后，原产地概念增加了质量保证的内涵；原产地控制命名因此而诞生，波尔多地区葡萄酒产品98%都是原产地控制命名葡萄酒。格拉夫产区、圣爱美隆产区相继建立了自己的新等级制度。1956年的强冰雹灾害影响过去之后，波尔多葡萄酒再次走向繁荣。波尔多葡萄酒的高贵品质保证了其作为世界葡萄酒界的领导者地位。

自18世纪以来，
这种新式葡萄酒在英国深受欢迎，
可以说是现代波尔多红葡萄酒的前身。

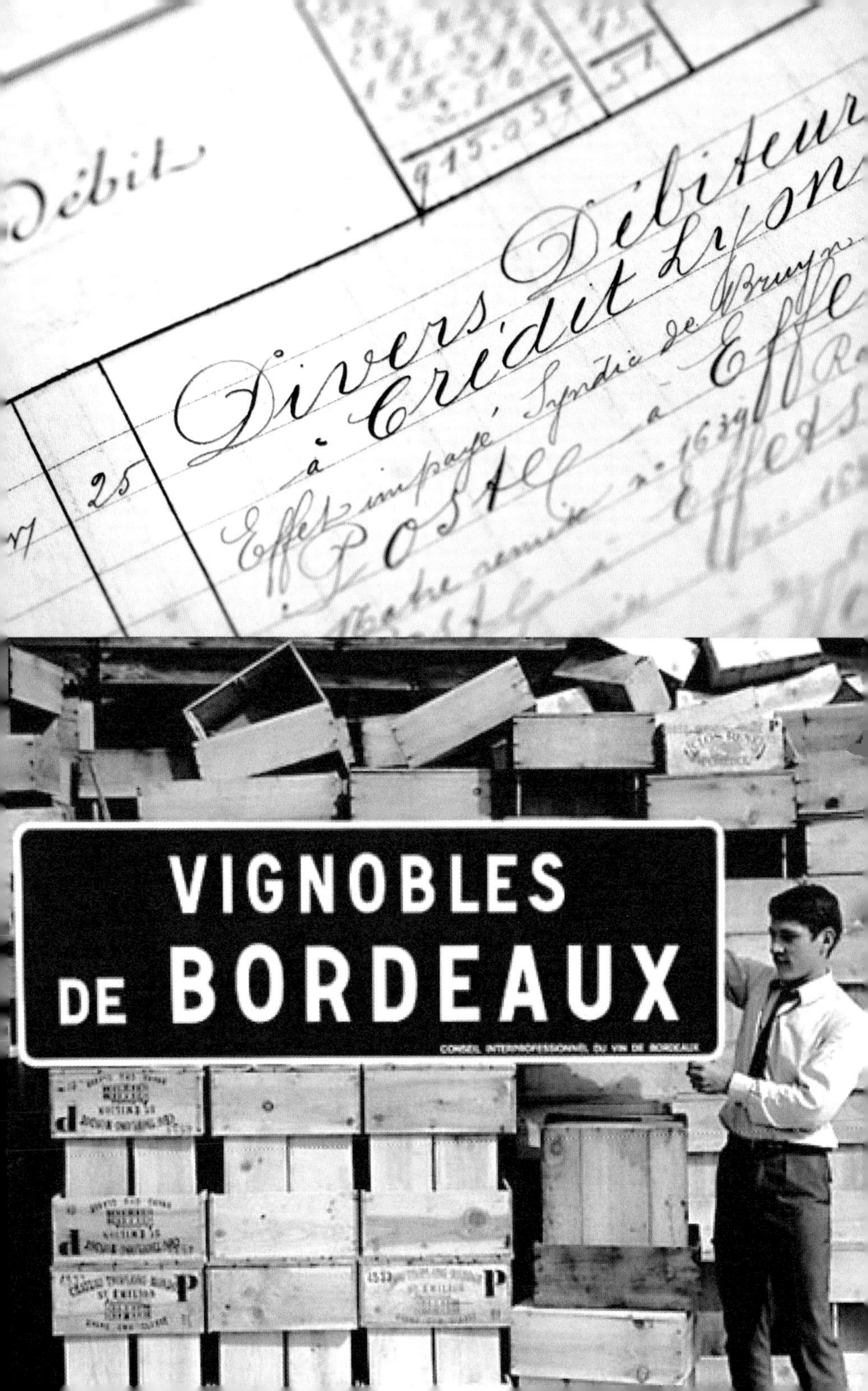
Débit
Divers Débiteur
VIGNOBLES
DE BORDEAUX
CONSEIL INTERPROFESSIONNEL DU VIN DE BORDEAUX

独特的
葡萄酒产业链

波尔多葡萄酒产业模式，尤其是酒庄和酒商之间的关系，在世界上是独一无二的。巨大的资金流，正品的可靠性，300年来经久不衰的古老传统，一切都彰显出这种模式的复杂性。波尔多葡萄酒王国是一个集传统与现代、忠于历史与面向世界于一身的巧妙混合体。毫无疑问，成就这种模式的是葡萄种植者与酒商及经纪人之间的互补性。

葡萄种植业

40 年来，波尔多葡萄园见证了波尔多葡萄酒从开发到销售这一产业链上的每一个环节。2013 年，从事葡萄种植的人数上升至 7375 人，人均种植面积为 17 公顷。当然，这只是众多葡萄种植区复杂情况的一个缩影。

这些葡萄种植者隶属于不同的组织结构。

垂直组织（葡萄酒工会、波尔多产区葡萄酒联盟……）。

水平组织，如葡萄酒工会组织（保护管理组织，缩写为 ODG）、生产互助组、36 个地区酒窖合作社。

酿酒合作社发挥了以下三方面的重要作用。

在质量保证方面，它参与生产过程上游阶段的管理控制（葡萄园管理、葡萄剪枝法、葡萄苗筛选、成熟葡萄筛选）；

在经济方面，它拥有庞大的存储和酿酒能力，参与市场交易；

在社会贡献方面，它促进了乡村经济发展（支持家庭式小规模经营，提供劳动岗位）。

经纪业

经纪人是葡萄种植者和酒商之间的重要中间人。经纪人会根据葡萄酒品质、产量以及预期市场价格来平衡市场供需。此外，经纪人还会为供需双方协调关系、提供建议。一旦促成交易，经纪人便会拟定一份注明详细交易条件的订货确认单。

经纪人理论上是合同顺利完成的重要保障。根据合同，经纪人有以下职责：负责看管葡萄酒，直到成功交货；通过分析、品尝，保证所交付的葡萄酒和所提交的样品品质一致；经纪人绝不能从交易中渔利。作为补偿，经纪人可以拿到双方成交金额（通常是由买家决定）2% 的佣金。

一些宣誓过的经纪人还会被邀请参与拍卖或专业鉴定，他们要结合波尔多产区历来的交易情况，来确立葡萄酒的官方开价。鉴于经纪人的业务素养，人们通常还会请他们来品鉴葡萄酒的质量或者建立分级制度。

酒商业

波尔多地区的葡萄酒商业实力强，业态多样，历史悠久。有规模不等、结构各异的 300 家公司环绕在波尔多工会和利布恩工会周围。超过 2/3 的波尔多葡萄酒通过吉伦特省酒商售出，这其中 80% 以上的葡萄酒出口到 170 个国家。仅以 2012—2013 年而言，吉伦特省葡萄酒交易额近 30 亿欧元。

活力四射的酒商对地区经济发展乃至波尔多对世界的影响力起着至关

葡萄酒相关职业

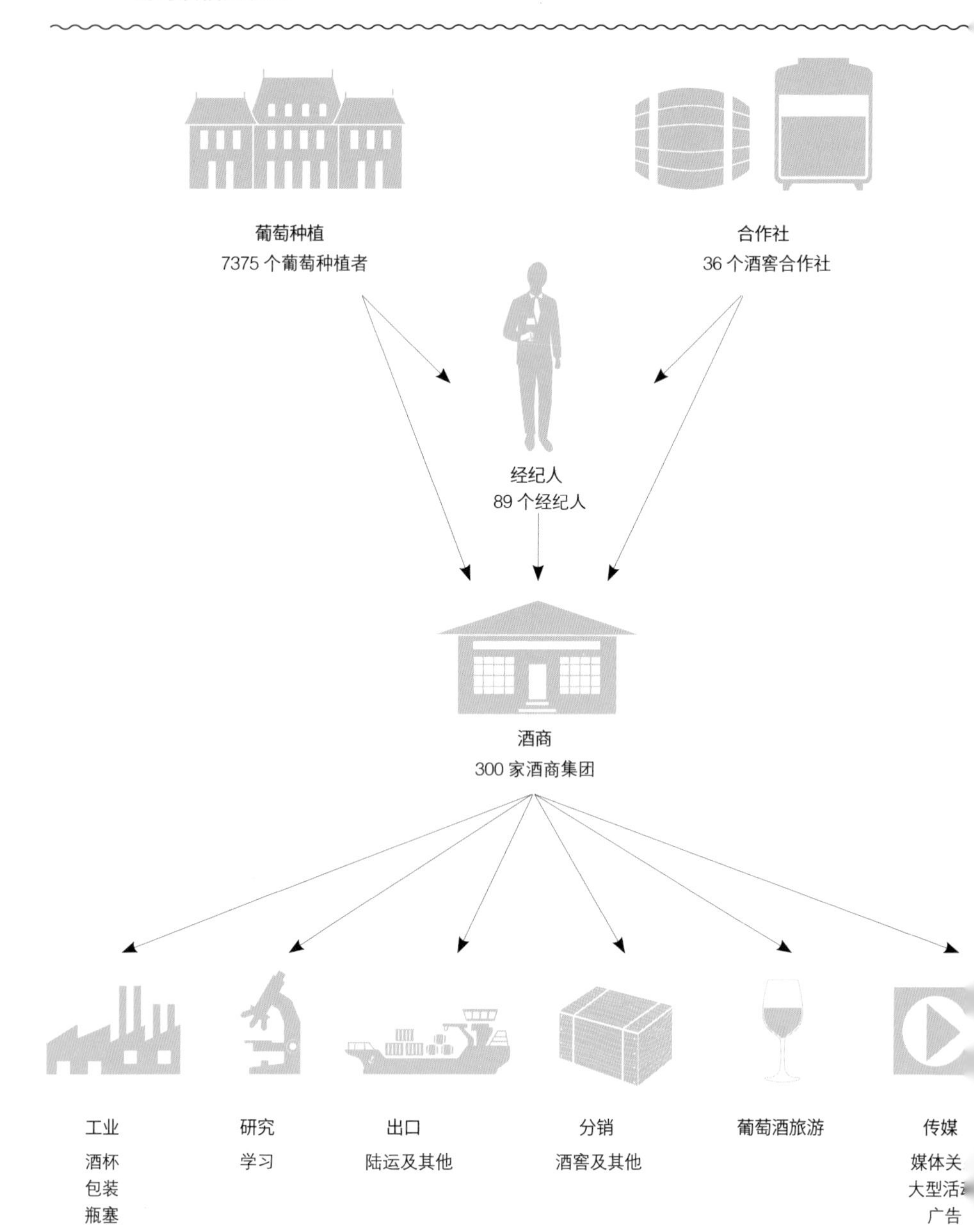
葡萄种植
7375 个葡萄种植者
合作社
36 个酒窖合作社
经纪人
89 个经纪人
酒商
300 家酒商集团
工业
酒杯
包装
瓶塞
研究
学习
出口
陆运及其他
分销
酒窖及其他
葡萄酒旅游
传媒
媒体关
大型活
广告

重要的作用。值得一提的有趣现象是，15 年来葡萄酒产业有不断的集中化趋势。2012 年，前 46 强公司完成了葡萄酒总交易额的 94%。

酒商是葡萄种植者和消费者之间的纽带，也是葡萄酒产业经营的重要环节。酒商购买葡萄酒，并通过各种销售渠道（分销商、酒窖、咖啡馆、饭店等），将其卖到市场上（供应法国及出口）。从小作坊葡萄酒到列级酒庄葡萄酒，每个酒商都有自己的主打品种。一些酒商还自己筛选、加工、灌装带有自己标记的葡萄酒，这就是所谓的品牌葡萄酒。也有部分酒商同时从事葡萄种植和葡萄酒商业活动。

酒商的两大作用

从事优质葡萄酒销售的传统商业活动。

从事品牌葡萄酒的商业化酿造活动。收集、购买、酿造散装葡萄酒，并以某种品牌将其推向市场。对消费者而言，品牌是某种葡萄酒信息的保证；对分销商而言，品牌是某种葡萄酒供货的保证。

酒商的年装瓶量（约 6.5 亿瓶）及其年储酒量（6 亿瓶）巨大，能够对葡萄酒价格波动产生调节作用，这是酒商的经济功能。此外，酒商采用的储运技术和流程还有利于葡萄酒供应商获得法国及国际市场所要求的各种认证（IFS 国际食品标准、BRC 英国零售商协会、ISO 国际标准化组织等），作为储运、追溯、卫生、食品安全的保障。

波尔多葡萄酒
——神奇的化学方程式

波尔多葡萄酒与众不同，其一在于它的混合酿造的概念，其二在于一个基于简单原理的神奇反应式：葡萄酒是气候、土壤、葡萄品种和人们辛勤劳作彼此共同作用的结果。

葡萄产区和葡萄土壤的概念

吉伦特省的微气候类型多样，从定义可知微气候具有局部性，它是气候作用于波尔多不同地点的结果，因各地的倾斜度、开发度、地形角度的不同而千差万别。微气候和波尔多不同性质的土壤共同构成了范围相对有限的适宜葡萄生长的自然环境，这即是著名的葡萄土壤。

葡萄土壤的性质决定了葡萄土壤上葡萄品种的特质以及葡萄土壤与葡萄品种相适应的方式，不同的葡萄土壤之间存在着细微差别。由此，在波尔多出现了公认的特定的葡萄产区。我们经常可以在波尔多葡萄酒酒标上看到葡萄产区“cru”这个词，它成了葡萄酒品级的同义词。葡萄酒的品级取决于土壤和葡萄品种间的协同性以及葡萄种植者实现这种协同性的技艺。

气候和地形：得天独厚的宝地

波尔多产区濒临大西洋，恰好位于北极与赤道中间地段的北纬 45° 地区，比吉伦特省的行政管理范围要大，是一块享有得天独厚的地理位置和气候条件的产区。

呈现吉伦特省地形差异的三个区域：

西面，加龙河的左岸，从格拉夫产区到梅多克产区，地势渐低，一直延伸到滨海地区。

东面，多尔多涅河的右岸是海拔较低的高原（100 ~ 130 米），多条侵蚀而成的深深的山谷使高原呈波浪状，但不见陡峭的坡地。高原从卡斯蒂隆拉巴泰尔县一直延伸到布莱依，一个坡接着一个坡。

在东、西两个地区之间，在两条河流包围之中的是“两海之间”产区，这里岗峦起伏，是吉伦特省的最高点。加龙河和多尔多涅河构成这里的水文地理，河流间小溪密布；显然，在正常年份，波尔多地区葡萄种植的水利需求可以确保无虞。

波尔多温带海洋性气候的形成，一方面受湾流（来自加勒比的大西洋暖流，沿着阿基坦沿海溯流直上）的影响，在暖流的作用下，波尔多地区的气候温和；另一方面受朗德森林的影响，大面积的松树林形成了一道有效抵挡大西洋海风的天然屏障，造成了典型的温带海洋性气候。波尔多春季相对湿润，夏季阳光充足，秋季宜人，冬季少冰霜，这是适合葡萄生长成熟的最佳气候。葡萄种植者担心的几个气候灾害分别是：

春天葡萄花期时的严寒和授粉阶段的冻雨，因为这都会导致减产。风和雨会将花粉打落导致开花但不能结果。受损程度可高可低，因葡萄品种而异。

收获时期的冰雹有时会对葡萄产生严重损害，冰雹可能导致花、果实、枝丫和叶子受损。

葡萄土壤

葡萄土壤的性质是高品质葡萄生长的关键因素。波尔多葡萄生长于下层土为钙质土的硅质、沙质、砾质冲击地，波尔多土质多样，尤其适合种植葡萄以及生产品质多样的葡萄酒。

加龙河左岸以及吉伦特河三角湾（梅多克产区、格拉夫产区、苏玳产区）的土壤都以厚度不一的沙砾土为主，这是由加龙河对比利牛斯山脉历经千年的侵蚀造成的，在梅多克地区，则是由多尔多涅河对中央高原的侵蚀造成的。这种土壤的主要成分是间冰期时代的卵石、砾石、沙石。它过滤性好，吸热性能强，有利于葡萄成熟。因为土壤中的主要成分如坚硬的鹅卵石，它白天吸收热量，晚上释放热量。

在多尔多涅河右岸（利布尔讷产区、圣埃美隆产区、波美侯产区、弗龙萨克产区、布莱依产区、波尔多丘产区……），可以发现成分各不相同的土壤，如混合黏质土、钙质土、沙土及一些砾土。这些土壤都是海洋侵蚀作用下的直接产物。由相对细小的粒子组成，这种土壤的吸水和锁水性能强，能起到降低温度的作用。它通常位于山丘上，具有很好的排水能力，多余水分会渗入深层土壤，以免葡萄根腐烂。

加龙河和多尔多涅河之间（两海之间产区、卢皮亚克产区、卡迪亚克产区、圣十字峰产区）的土壤主要是黏土、石灰土，该土壤湿润凉爽，与多尔多涅河右岸的部分土壤一样。土壤的重要性在于土壤的性质决定了葡萄根部所吸收矿物质的成分以及未发酵葡萄汁的成分。在波尔多这片土质多样的土地上，人们有机会领略给人独特感官享受的波尔多葡萄酒以及与之齐名的葡萄种植园。

葡萄品种

经过长期钻研，人们最终搞清楚了波尔多诸多类型的土壤特性，而百年来的知识积累孕育出适合该土壤的葡萄栽培品种。

红葡萄酒品种

最常见的酿酒葡萄品种是梅洛（Le merlot），它的种植面积超过 6.94 万公顷。梅洛成熟早，生命力强，在波尔多大部分地区都可种植，但最适合种植梅洛的是凉爽又能保水的黏土质土壤。梅洛的成熟状况好，一般都是最先成熟的，但它容易感染灰腐霉菌以及落果，尤其是在泥泞的土壤环境中。在左岸有少量种植，在右岸（尤其是波美侯产区）则有大面积种植。梅洛酿制的葡萄酒色泽较深，酒精含量高，单宁丰润柔滑，并且果香浓郁。在瓶中陈放数年后，会产生红色浆果、李子、无花果及烟熏的香型。

赤霞珠（Le cabernet-sauvignon）是波尔多葡萄种植的传统品种（种植面积约 2.6 万公顷），这个品种成熟晚，果粒小，果皮厚，尤其适合在加龙河左岸干燥高温的砾质土壤上种植。赤珠霞不易受灰腐霉菌感染，产量高且稳定。由它酿造而成的葡萄酒非常醇香，单宁含量高，适合久藏。因此，有耐心的葡萄酒爱好者便可尝到香气四溢、醇和绵延的代表性的红葡萄酒，它的香气让人联想到黑色水果的（如黑加仑、桑果）果香、甘草的香味以及窖藏后的灌木香味。赤珠霞主要种植于左岸，右岸鲜有种植。

品丽珠（Le cabernet franc）（种植面积约 1.2 万公顷），主要种植在利布讷地区，成熟期比赤霞珠稍早。品丽珠所酿葡萄酒多酚含量高，易变质，其细腻的香气深受人们喜爱。品丽珠香味独特，单宁含量高，有覆盆子和紫罗兰的香味。品丽珠少量用于波尔多葡萄酒混酿，但在圣埃美隆产区葡萄酒中含量较高，是其主要成分。

此外还有三种种植面积小的辅助品种：马尔贝克红葡萄（Le malbec）（又称高特、佩珊、欧塞瓦），味而多（Le petit verdot），佳美娜（La carmenère）这些品种通常少量用于混酿配比。

波尔多的葡萄品种

用于酿制红葡萄酒的葡萄品种　占总种植面积的 88%
梅洛（Le merlot）占 65%
赤霞珠（Le cabernet-sauvignon）占 23%
品丽珠（Le cabernet franc）占 10%
其他品种占 2%：马尔贝克（Le malbec），味而多（Le petit verdot），佳美娜（La carmenère）。

用于酿制白葡萄酒的葡萄品种　占总种植面积的 12%
赛米翁（Le sémillon）占 49%
苏维浓（Le sauvignon blanc）占 43%
密斯卡岱（La muscadelle）占 6%
其他品种占 2%：鸽笼白（Colombard）、白玉霓（Ugni blanc）、灰苏维翁（Sauvignon gris）、白梅洛（Merlot blanc）……

白葡萄酒品种

赛米翁（Le sémillon）（种植面积约7300公顷）是深受人们喜爱的品种，主要种植在吉伦特省，特别是生产甜白葡萄酒地区。人们或将赛米翁酿成醇香细腻、味美汁多的金色葡萄酒，或酿成甘美柔滑，散发出杏子、洋槐花、巴旦木香味的干白葡萄酒。而经过贵腐霉菌（pourriture noble）醇化而成的甜白葡萄（贵腐霉菌，请见本书83页，《波尔多甜葡萄酒》）香味特殊（有糖渍水果或水果干的香味）；赛米翁是酿造香醇可口的白葡萄酒的主要品种，主要种植于苏玳产区，在干白葡萄酒的配比中占比较少。

苏维浓（Le sauvignon blanc）（种植面积约5500公顷）是酿制干白葡萄酒的主要葡萄品种。不同土质土壤的长相思酸值都高，有矿物味，香味复杂独特，具有活力。苏维浓酿制成的干白葡萄酒呈淡黄色，香味浓郁，有水果香气，让人仿佛闻到橘类水果、黄杨、无花果树叶的香味，甚至是淡淡的烟熏香味。苏维浓在甜葡萄酒配比中占次要成分，在干白葡萄酒配比中占主要成分。

密斯卡岱（La muscadelle）（种植面积约870公顷）更适合在黏土质土壤中种植，在黏土中种植比在过滤性好的土壤中种植坏腐率更低。由它酿制而成的葡萄酒醇香浓烈，酸度低，口感饱满，并带有淡淡的麝香味和花香。密斯卡岱通常少量用于波尔多微甜葡萄酒和甜葡萄酒的混酿。

和红葡萄品种一样，白葡萄品种也有它们的辅助品种，包括鸽笼白（Colombard）、白梅洛（Merlot blanc）、灰苏维翁（Sauvignon gris）、白

法国葡萄品种概念

法国种植的一切葡萄品种都是同属，即葡萄属（Vitis vinifera）。法国将各葡萄品种成熟日期与夏瑟拉白葡萄（chasselas）（作为参照葡萄）成熟日期做对比，把葡萄分为四大品种。这几个葡萄品种要与所选的葡萄产区的气候和土壤条件相适应。四大葡萄品种分别是：

——早熟葡萄品种，比夏瑟拉白葡萄早成熟 8～10 天。这种葡萄主要种植在北方地区。

——第一阶段成熟葡萄品种，和夏瑟拉白葡萄同一时期成熟。这种葡萄主要种植在阿尔萨斯地区、香槟地区、勃艮第地区。

——第二阶段成熟葡萄品种，比夏瑟拉白葡萄晚成熟 12～15 天。这种葡萄主要种植在阿尔萨斯地区、卢瓦尔山谷。

——第三阶段成熟葡萄品种，比夏瑟拉白葡萄晚成熟 20～30 天。这种葡萄主要种植在地中海地区。

此外，还按两大气候因素（空气湿度、温度）将葡萄品种划分为四个主要种植区。对这两大气候因素都非常敏感的葡萄品种通常只适合种植在一个特定的地方，比如阿尔萨斯地区种植的雷司令（Le riesling）、中部地区种植的慕合怀特（Le mourvè dre）。但只对这两大气候因素中的一个因素敏感的葡萄品种可以在法国大部分地区种植，如种植在西部地区的苏维浓（Le sauvignon）和卡本内（Le cabernet）；种植在南方的白玉霓（Ugni blanc）。

玉霓（Ugni blanc）。

劳作者与混合酿造艺术

波尔多大部分葡萄酒的独特之处在于采用几个葡萄品种进行混合酿造，这与法国其他地区及国外的以单葡萄品种来酿造葡萄酒有所不同。事实上，每一个种植面积广的波尔多葡萄品种在其成长、成熟的过程中都会形成其不一般的特质（土壤的矿物元素、阳光、阴凉、特性……）。波尔多葡萄酒的独特之处源自将不同品种的葡萄加以优势互补的酿造艺术。不同葡萄品种的独特香气相互渗透，一如大师画笔下各种色彩的相互搭配。

在波尔多，混合酿造是传承百年的一个传统，是几代酿造大师不断加以继承和完善的一种独门艺术。很久以前，这些酿造大师便知道在干白葡萄酒中混合新鲜、醇香而耐保存的苏维浓后味道更佳，甜葡萄酒要混合饱满柔滑的赛米翁，若在甜葡萄酒中增添一点带有异域风情的密斯卡岱，将会产生让人意想不到的效果。他们还知道梅洛喜阴，更适合在右岸的钙质土壤中种植。而赤霞珠喜热，更加适合种植于右岸温度高的砾质土壤。如果将赤霞珠和梅洛混合酿制，那么前者的单宁成分可让葡萄酒储存的时间更长,后者则使葡萄酒口感更加柔滑。

本书将在本书第 166 页，再次详细描述葡萄品种的各种特性。

不同葡萄品种的
独特香气相互渗透，
一如大师画笔下
各种色彩的相互搭配。

颜色和气味

葡萄酒品种	不同年份颜色的变化	气味
波尔多干白葡萄酒	青黄——>草黄	柠檬、柚子、栀子花、异域水果、烟熏、烘烤
波尔多起泡葡萄酒	白色或桃红色、由浅到深	橘类水果、栀子花、桃子、荔枝、粉红色新鲜覆盆子
波尔多甜葡萄酒（波尔多甜白葡萄酒、微甜葡萄酒、甜葡萄酒）	淡金黄色——>琥珀黄、深铜色	橘类水果皮、橙子、菠萝、木瓜、杏子、蜂蜜
波尔多桃红葡萄酒和波尔多淡红葡萄酒	淡红色（粉红色）覆盆子红（淡红）——>鲜明的洋葱皮红	草莓、覆盆子、醋栗、樱桃
波尔多红葡萄酒配比以梅洛为主	紫红——>琥珀红、红宝石红、瓦片红	樱桃、桑果、草莓、紫罗兰
波尔多红葡萄酒配比以赤霞珠为主	紫红——>琥珀红、红宝石红、瓦片红	黑加仑、黑色水果、香料、矿物质

小块土地

混合酿制不仅仅是不同品种葡萄的混合。在波尔多，多年来人们都知道每小块土地的葡萄都有其自身的特质，并且深知葡萄酒酿造、混合酿造时综合考虑这些不同特质才是酿制上等葡萄酒的关键所在。这也是每块地的葡萄要尽可能分开发酵或者根据每块地的葡萄特性进行发酵的原因。

此外，葡萄种植者还学会了利用下层土的不同特性进行葡萄种植。以前的葡萄种植者已经注意到，在同一块地的不同地方产出的葡萄品质不同，而土壤性质、培育方式、阳光等因素都不能解释这个差别。人们对下层土的调查研究表明，葡萄树根部的长度对土壤中矿物质和水分的吸收有着重要影响，这个结论证实了葡萄种植者之前的观察。比如，在梅多克产区的圣艾斯泰夫产区，那儿和波美侯产区一样，都是黏土质土壤，但该产区的葡萄酒却风味独特，因为那儿的土地深层有黏土矿脉。

小块土地之间差异的发现促使人们逐步将一块土地的不同位置产出的葡萄用不同酿酒桶发酵，葡萄酒酿造由此变得更加精致起来。这样分开发酵仍然是为了改善混合酿造的技艺，混酿从而成了波尔多地区一项真正的独门技艺，保证了人们独一无二的味觉享受。

色彩缤纷的波尔多葡萄酒

波尔多葡萄种植面积广，微气候、土壤类型复杂多样。这些因素和不同葡萄品种相互作用，产生了色彩缤纷的波尔多葡萄酒。葡萄种植者如同乐队指挥，用他所有的自然禀赋谱写出一篇美妙的乐章。

自 17 世纪起，英国消费者一直只对新法国淡红葡萄酒(New french claret) 情有独钟。在此要强调的是，实际上波尔多地区生产的葡萄酒颜色多样，并且随着年份的不同，葡萄酒颜色会产生细微变化，如干白葡萄酒，微甜、甜白葡萄酒，桃红葡萄酒，粉红葡萄酒，红葡萄酒。这一系列颜色上的变化，与葡萄品种的不同及酿造方法的不同直接有关，据此，品种多样的波尔多葡萄酒被分为波尔多六大产区葡萄酒（波尔多葡萄酒与超级波尔多、波尔多丘葡萄酒、圣埃美隆 - 波美侯 - 弗龙萨克葡萄酒、梅多克和格拉夫葡萄酒、干白葡萄酒、波尔多甜葡萄酒）。

波尔多葡萄酒的
六大法定产区图解

波尔多成为法国各个法定产区中最上等的葡萄种植地，这份荣耀要归功于波尔土壤的高品质和多样性。而可以满足不同场合、不同价位需求，种类繁多且口感细腻的波尔多葡萄酒总能给喜爱葡萄酒的人带来满足感。波尔多葡萄酒的六大法定产区主要是根据其地理因素和产出葡萄酒的类型来划分的。

波尔多葡萄酒按等级划分的葡萄种植面积分布图

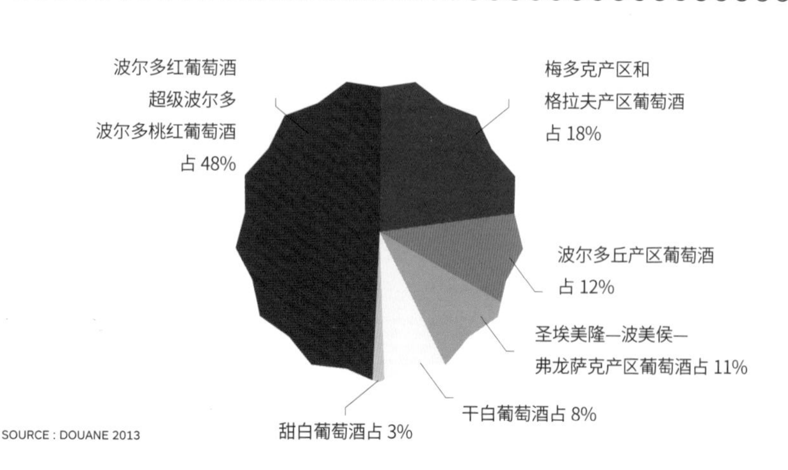

波尔多葡萄种植区域中的法定产区产出的葡萄酒

波尔多区域酒（红葡萄酒、干白葡萄酒、甜白葡萄酒）

波尔多区域淡红葡萄酒

波尔多区域桃红葡萄酒

超级波尔多（红葡萄酒、甜白葡萄酒）

波尔多区域起泡葡萄酒（粉红葡萄酒）

波尔多红葡萄酒、超级波尔多红葡萄酒、波尔多桃红葡萄酒、波尔多淡红葡萄酒

吉伦特省法定产区生产出的红葡萄酒可分为波尔多葡萄酒和超级波尔多红葡萄酒两个等级。虽然左岸地区和右岸地区的土壤条件和微气候条件都不尽相同，但都可以生产上述葡萄酒。依据葡萄品种和土质的不同，人们可生产静态葡萄酒（红葡萄酒、桃红葡萄酒、淡红葡萄酒）以及起泡葡萄酒（粉红葡萄酒），此外还生产一种白兰地，谓之调整级别的“波尔多精品”（Fine Bordeaux）。这些葡萄酒的特性与其产出地的土质紧密相关，因此不同级别葡萄酒在品质上仍有相同的地方。

波尔多品牌葡萄酒

提及波尔多，人们最先想到的是酒庄。然而波尔多供应给消费者的品牌葡萄酒也毫不逊色，品牌是酒商对某款葡萄酒产品的标识和承诺。

所谓的品牌葡萄酒即依据生产商和酒商之间的招标规则，由酒商批量购买并存贮的葡萄酒。品牌葡萄酒首先要保证的是稳定的品质、价格以及一致的风味。

波尔多酒庄葡萄酒和波尔多品牌葡萄酒相得益彰。要说明的是，第一个波尔多葡萄酒品牌创建于 1930 年。

菲利普·德·罗斯柴尔德男爵（Philippe de Rothschild）——木桐·罗斯乔德酒庄（Château Mouton Rothschild，简称木桐酒庄，波亚克列级名庄）的所有者——通过木桐嘉棣（Mouton-Cadet）在波尔多打开了高品质品牌葡萄酒市场，也打开了世界市场，从此远销世界各地。

波尔多红葡萄酒、淡红葡萄酒、桃红葡萄酒的五种原产地控制命名葡萄酒

波尔多红葡萄酒，波尔多淡红葡萄酒，波尔多桃红葡萄酒，超级波尔多红葡萄酒，波尔多起泡葡萄酒（桃红）

当然，还有调整级别的“波尔多精品”白兰地。

波尔多产区红葡萄酒约占波尔多葡萄酒产量的一半。超级波尔多红葡萄酒的生产红葡萄酒及酿造要比波尔多产区葡萄酒这个级别严格很多。

波尔多葡萄酒和超级波尔多红葡萄酒主要由梅洛、赤霞珠和品丽珠这三种葡萄配比酿制而成。而梅洛是其最主要成分，以此酿成的“果味”葡萄酒绵柔平滑，具有活力，香气清新，间或带有一丝丛林气息。

波尔多桃红葡萄酒和波尔多淡红葡萄酒是两种不同的葡萄酒。淡红葡萄酒的酿制方法更接近红葡萄酒的酿制方法。这种葡萄酒需要短时间的浸泡以保持色泽和单宁含量。波尔多桃红葡萄酒酿制过程中的浸泡时间更短，且无须进行乳酸发酵。波尔多种植的所有红葡萄品种都可以用于酿造这种葡萄酒，当然，还是以梅洛和品丽珠为主。

前文提到过的淡红葡萄酒，也叫“claret”，它是中世纪深受英国人喜爱的一款葡萄酒。几个世纪过去，为了凸显葡萄酒产地，它的名字逐渐演变成“波尔多淡红葡萄酒”，但是对法国人来说，“claret”其实是吉伦特省的一款特产葡萄酒。波尔多起泡葡萄酒起始于1990年，这是一种气泡葡萄酒，呈桃红色，采用传统二次内发酵法，酒瓶在架子上的时间（第二次发酵结束后，把酒瓶倒放并倾斜插入一种特制的架子里，定期轻微摇晃瓶子——译者注）比香槟葡萄酒所用时间短。

波尔多丘葡萄酒（红葡萄酒）

为了推出有特色、质地均匀、产区细化、个性十足的葡萄酒，2008年人们创建了波尔多丘法定产区。

波尔多丘葡萄种植园遍布全省，处在靠近两大河流的冈峦起伏的坡地上，这些葡萄种植园的土壤有一个共同点：山丘顶部是钙质黏土，低矮地区则以黏土为主，部分地区为砾土。不过，山丘的南坡面和

波尔多丘葡萄酒产区

1. 宝迪及宝迪丘
2. 布莱依及布莱依丘
3. 卡迪亚克丘
4. 卡斯蒂隆丘
5. 福伦克丘
6. 韦雷 - 格拉夫产区
7. 圣福瓦 - 波尔多产区

波尔多丘葡萄酒（红葡萄酒）的七个法定产区

布莱依丘、卡迪亚克丘、卡斯蒂隆丘、福伦克丘、宝迪丘、韦雷－格拉夫产区、圣福瓦－波尔多产区

东南坡面差别很大。

波尔多丘红葡萄酒以梅洛为主，混合一定比例的赤霞珠和品丽珠，也可混合一定的佳美娜、马尔贝克、味而多来弥补口感的不足。

由于土质不同，宝迪丘（Côtes de Bourg）产出的葡萄酒风格不一，它们或单宁含量高，或香气浓烈，但入口柔滑，既可以趁鲜品尝，也可以窖藏十多年。它们是果味葡萄酒爱好者的最佳选择。

圣福瓦－波尔多（Les Sainte-Foy-Bordeaux）和韦雷－格拉夫（Les Graves de Vayres）产出的葡萄酒口感顺滑饱满，富有水果香气，单宁含量稳定，酒体坚实。这里产出的葡萄酒适合陈酿。韦雷－格拉夫产区是以其冲积层砂石土质而命名（以免和格拉夫产区混淆）。

产自吉伦特河右岸的布莱依丘（Blaye-Côtes）葡萄酒总的来说细致柔滑，富有水果香气，口感极佳。陈放之后，变成砖红色，散发出辛辣的麝香味。

卡迪亚克丘（Côtes de Cadillac）的红葡萄酒因其颜色、稳定性、绵滑及香味而脱颖而出。

小而有实力的福伦克丘（Côtes de Francs）葡萄酒丰满醇厚而不失细腻，口感很明显和临近的以烈度和浓度著称的卡斯蒂隆丘（Castillon-Côtes）葡萄酒不相上下。

圣埃美隆－波美侯－弗龙萨克地区的十大法定产区

圣埃美隆产区、圣埃美隆列级酒庄、吕萨克－圣埃美隆产区、圣乔治－圣埃美隆产区、高山－圣埃美隆产区、普色冈－圣埃美隆产区

利布尔讷西部产区、弗龙萨克产区、卡农－弗龙萨克产区、拉朗德－波美侯产区和波美侯产区

圣埃美隆-波美侯-弗龙萨克葡萄酒（红葡萄酒）

这种葡萄酒产区位于多尔多涅河右岸，环绕着利布尔纳市。这里的葡萄种植园主要种植以梅洛为主的红葡萄。该片地区的土壤类型多样，但都以黏土为主（钙质黏土、沙质黏土、砾质黏土），这有利于产出质量上乘的梅洛葡萄。该地区同时还种植品丽珠作为辅助品种。因此，该地区产出的葡萄酒，通常易于储藏，口感顺滑，芬芳馥郁。

这里的葡萄种植园风景各异。从南面远眺，可见远处的经联合国教科文组织认定的圣埃美隆中世纪风格古镇，它坐落在钙质土高原的裙边；从西面望去，将会看到紧挨着利布尔纳镇的一片真正的葡萄海洋，其中掩映着漂亮的房屋以及灌木丛。从蜿蜒的小路、山丘、土堤、岬角上，都可看见如银色缎带般的多尔多涅河，如地毯般种满葡萄树的背斜谷以及被迷宫般房屋和曲折小径所环绕着的圣埃美隆大钟楼。“一个山丘千个酒庄”便是用来描述这个地区的，它反映了小块葡萄园土地产出的种类之繁。人们从中仍可以窥见中世纪末的土地结构、经济结构的概貌。这句话还让人联想到圣埃美隆产区和圣埃美隆列级酒庄，这两处葡萄种植人员超过 800 人。

圣埃美隆不仅是有名的等级葡萄酒产区，还是深受游客喜爱的被联合国教科文组织认定的历史名村，每年接纳游客超过百万。自 1954 年以来，圣埃美隆得到法国国家原产地名称管理委员会（INAO）的分级保护，这种分级保护每十年调整一次。圣埃美隆产区产出的葡萄酒可以分为两个级别：圣埃美隆地区葡萄酒和圣埃美隆列级酒庄葡萄酒。达到圣埃美隆列级酒庄的葡萄酒可以在酒标上标注“列级酒庄”或者“特级酒庄”字样。圣埃美隆地区葡萄酒和圣埃美隆列级酒庄葡萄酒这两个分级之间以及其附属分级之间的差异较大，原因是各自的土壤以及因侵蚀而成的深层土存在着差异，如有的是钙质土壤、沙砾质土壤，有的是沙岩钙质黏土、黏土层褐色沙土。因此，

波尔多
3
2
7
8
9
10
4
1
5
6
圣埃美隆 – 波美侯 – 弗龙萨克葡萄酒
1. 波美侯
2. 拉朗德 – 波美侯
3. 弗龙萨克
4. 圣埃美隆
5. 卡农 – 弗龙萨克
6. 圣埃美隆列级酒庄
7. 高山 – 圣埃美隆
8. 吕萨克 – 圣埃美隆
9. 普色冈 – 圣埃美隆
10. 圣乔治 – 圣埃美隆

这儿既有细腻清香的葡萄酒，也有口感醇厚、单宁柔滑饱满的葡萄酒。它们的风味各异，有柔顺的、浓烈的、细腻的，也有果香味的、矿物类的。

12 世纪，耶路撒冷圣约翰善堂骑士团创建了波美侯葡萄种植园，在这里为教堂和前往圣雅克德罗波斯特拉（Saint- Jacquesde-Compostelle）的朝圣者种植葡萄。产区黏质土壤（主要是氧化铁土层）成分上的差异，造成所产葡萄酒的风味不一，有的芳醇柔滑，有的清新如甘草芬芳，有的口感丰富、干涩，单宁感坚实，有的口感饱满，如丝入扣。波美侯葡萄酒从未被认定为列级，但它拥有很多列级名庄，其中最负盛名的是柏翠庄园（Petrus）。拉朗德 - 波美侯产区的葡萄酒大多色彩明艳，香气浓烈，单宁含量丰富，质地饱满圆润。

弗龙萨克（弗龙萨克产区及卡农 - 弗龙萨克产区）的风景和圣埃美隆及波美侯地区的风景有着天壤之别，在路易十四时代，这里是最令人向往的地区之一（路易十四非常喜爱弗龙萨克产区与众不同的葡萄酒）。所有人都渴望自己能在这片富饶肥沃的土地上种植葡萄。弗龙萨克产区葡萄酒结构致密、口感丰富，单宁感足，刚生产出来的葡萄酒味干涩，却是经年收藏的上品。

梅多克和格拉夫葡萄酒（红葡萄酒）

梅多克和格拉夫位于加龙河和多尔多涅河的左岸，占地面积超过 2 万公顷。梅多克产区位于大西洋和吉伦特河三角湾之间，葡萄种植地跨越北纬 45° 线。南向则是位于大西洋和加龙河之间的格拉夫产区。这两个产区的地理位置优越，拥有适宜葡萄种植的温带海洋性气候。此外，这里的阳光充足，海风温和，土壤过滤性好，朗德森林的松树林又可锁住土壤水分。

梅多克地区的葡萄种植面积达 16029 公顷，占波尔多葡萄种植面积的 14%。大小葡萄种植园主都喜欢在此置业，面积在 5 ~ 15 公顷之间的葡萄种植园占梅多克地区葡萄种植总面积的 15%，面积在 30 ~ 80 公顷的大型种植园占梅多克地区葡萄种植总面积的 20% 以上。近千名葡萄种植者在此精心开发整个地区的葡萄资源。这个半岛拥有六个村庄级产区，两个地区级产区（见插图文字）。

格拉夫地区的葡萄种植面积达 2505 公顷，占波尔多葡萄种植面积的 2%。格拉夫地区的范围自波尔多北部的布兰克福特（La jalle de Blanquefort）的让勒河（一条垂直穿过梅多克产区，流向吉伦特河的小河流）起，一直延伸到加龙河上游的朗贡（Langon）。格拉夫同样也受到朗德松树林这道天然屏障的庇护，而免受海风影响。有 300 多名葡萄种植者在此从事葡萄生产，格拉夫地区有两个产区的葡萄可用来生产红葡萄酒及白葡萄酒：格拉夫产区和佩萨克 – 雷奥良产区（Pessac–Léognan）。赤霞珠与梅洛搭配大量用于梅多克葡萄酒的混酿，并多以赤霞珠为主，赤霞珠决定了混酿葡萄酒的特性。梅洛在其中占一定的比例，少量的味而多通常被用作混酿催化剂，所酿出的葡萄酒颜色较深，散发出紫罗兰及黑色水果的香味，单宁结构稳定。这里出产的葡萄酒初始时芳香馥郁，平衡协调，有构架感，单宁内敛，陈酿后柔滑细致，是适合久藏的葡萄酒。

梅多克产区。产区葡萄种植面积占波尔多葡萄种植面积的35%，产区覆盖波尔多北部所有从事葡萄种植的村镇和吉伦特河左岸地区。该产区以小作坊为特色，生产的葡萄酒独具结构感，醇厚饱满，品尝起来给人以充实的感觉。此外，其香味迷人，散发着甘草、红色水果、黑色水果的香味。

上梅多克产区。它是一条长60公里的峡谷带，穿越多个不同风格的村庄级法定产区间，横跨20多个村镇。加龙河为这个产区带来了砾土，形成了极富特点的多种土壤，成就了上梅多克产区特色丰富的各种葡萄酒。上梅多克产区产出的葡萄酒香气丰富，散发着浓郁的红色水果、黑色水果或甘草的芳香，偶尔也会伴有薄荷或辛料的香气。

穆里斯昂产区（Moulis）。是一块自东向西展开的长约7公里的狭长区域，它是梅多克产区面积最小的村庄级法定产区。该产区产出的葡萄酒和谐高雅、香气浓郁、甘美丰腴，久藏愈醇。

梅多克地区和格拉夫地区的十大法定产区

梅多克地区：玛歌、穆里斯昂、里斯塔克、圣－于连、波亚克、圣艾斯泰夫（村庄级法定产区）、梅多克、上梅多克（区域级法定产区）

格拉夫地区：格拉夫、佩萨克－雷奥良

里斯塔克法定产区（Listrac）。该地区海拔达 43 米，因而被称为“梅多克屋脊”，松树林保护着它免受暴风的侵害。该产区的葡萄种植在三个平原上，其土质主要是砾质土壤，下层土为钙质土。里斯塔克产出的葡萄酒，颜色鲜红，散发着红色水果、黑色水果、甘草、香料和皮革的香气。品尝时，一股清新气息沁人心脾，香气浓郁，而又不失层次感。

玛歌法定产区（Margaux）。由五个村镇组成，分别是玛歌村（Margaux）、苏桑村（Soussans）、阿赫萨克村（Arsac）、拉巴赫村（Labarde）和康田村（Cantenac）。从列级酒庄、中级酒庄到艺术家酒庄等不同等级的酒庄这里都有。产区地势从山丘缓缓向河流方向延伸，在侵蚀的作用下，土壤砾质明显。该产区产出的葡萄酒尤其清新淡雅，细腻多变，有鲜花、水果、香料及烘烤的香味。

圣・于连产区（Saint-Julien）的土壤成分为加龙河冲积带来的砾土，这种土壤最大的特点是排水性能好。该产区产出的葡萄酒呈近乎发黑的深酒红色，芬芳馥郁，散发出越橘、黑加仑、桑果、李子干、烟草和甘草的香气，随着窖龄的增加，更会隐现皮革、皮草、松露的气息。圣・于连产区葡萄酒单宁含量高，口感丰厚柔滑。

波亚克产区（Pauillac）。遍布加龙河冲积后形成的典型的砾土小丘。砾土小丘形成了一种独特的生态环境，为酿造高品质葡萄酒提供了有利条件。波亚克葡萄酒味感丰富醇烈兼具优雅细腻，其香气非常富有层次感，有甘草、黑加仑、樱桃、玫瑰、雪松和烟熏等香气。虽单宁感强，但并不持久。大体来说，波亚克葡萄酒非常醇厚，且陈酿风味更佳。该产区拥有 18 个列级酒庄，其中有 3 个是一级列级酒庄（一级列级酒庄共有 5 个），这些列级酒庄占波亚克产区葡萄酒产量的 85%。

圣艾斯泰夫产区（Saint-Estèphe）。处在波尔多港与格拉夫产区最北端正中间的位置。圣艾斯泰夫产区的地表和地下土壤的土质多样，并有着特有

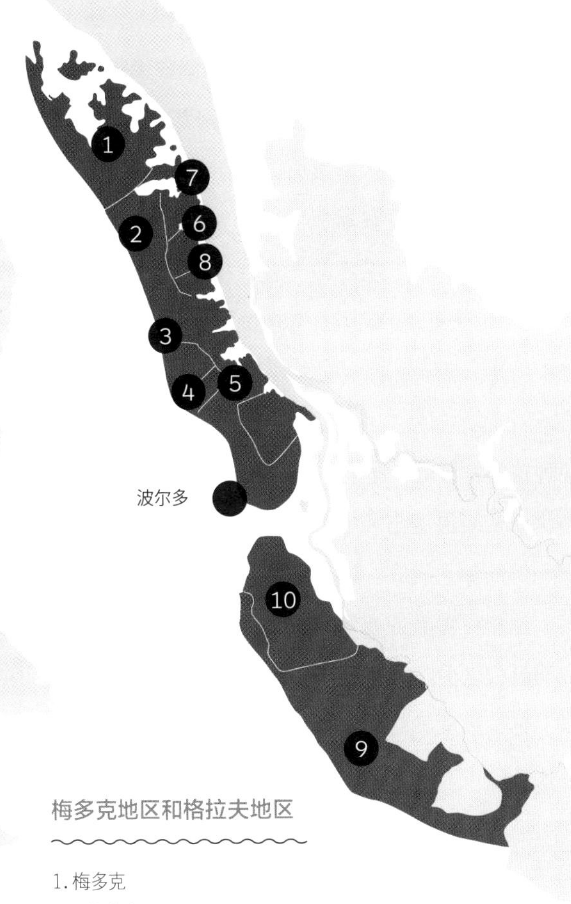

梅多克地区和格拉夫地区

1. 梅多克
2. 上梅多克
3. 里斯塔克
4. 穆里斯昂
5. 玛歌
6. 波亚克
7. 圣艾斯泰夫
8. 圣－于连
9. 格拉夫
10. 佩萨克－雷奥良

的排水性能良好的丘陵地形。这个产区的葡萄酒因香气迷人而备受推崇，其中的红色水果、黑色水果、咖啡、香草等各种香味相互交融，口感丰富，果香味足，结构感强，初酿即受人喜爱，陈酿更是韵味无穷。

格拉夫法定产区（Graves）。位于波尔多南部，拥有长达 50 公里的河岸线，紧靠加龙河左岸。该产区土壤由第四纪时期的冲积砾岩组成，地下土为沙土。这里的微气候是适宜葡萄生长的理想气候。格拉夫红葡萄酒的初酿水果味浓，并带有香料、烘烤的气息，高雅细腻，酒体感丰富且芳香馥郁，随时间推移，口感更佳。根据酿造年份和生产者不同，窖藏五到十年，口感最佳。

紧邻波尔多南部的佩萨克－雷奥良产区（Pessac-Léognan）毫无疑问是波尔多葡萄种植的发源地。这里的葡萄种植至今以有 2000 年的历史了。该产区土壤由深厚的表层砾土和地下沙土、砂岩（被含铁胶质物固化的沙土）以及不同比例的黏土组成。格拉夫产区的列级酒庄聚集在佩萨克－雷奥良法定产区，地理位置靠近波尔多市，这里的葡萄种植者为保障高品质葡萄酒的生产而日夜辛劳。佩萨克－雷奥良产区的葡萄酒色彩明艳，入口非常醇厚饱满。葡萄酒成熟时尤为芳香，散发出皮革、木头、李子干和松露的香气，可久藏。

初酿的格拉夫
红葡萄酒散发红色水果的芳香，
且带有香料和烘烤的气息。

格拉夫风土

关于“梅多克”这个名字的由来，一直众说纷纭。一些人将其视作一种夸张的说法，意为“地球的中心”，一些人则想到拉丁词义“水之间”。事实上，这个狭长半岛确实延伸在大西洋和吉伦特河三角湾（当地称“河流”）之间。这个地带土壤以沙土为主，西部丛林密布（梅多克朗德森林），北部靠近吉伦特河，那里土壤贫瘠，土壤中石砾多，其中有的是第三纪和第四纪初由加龙河冲刷比利牛斯山脉带来的砾土，有的是后来由多尔多涅河从中央高原带来的砾土。

梅多克这片以砾土为主、看似无法耕种的土地一直无人问津。即便新法国淡红色葡萄酒问世，人们还不知这片不受待见的土地其实非常适合种植葡萄。这里产出的葡萄酒少之又少。直到13世纪，人们才开始在这里大面积种植葡萄，其中以生产红葡萄酒的赤霞珠为主。这种晚熟葡萄品种喜爱保温性能和排水性能强的土壤。的确，这里的砾土白天在反射阳光的同时又吸收部分阳光能量，夜晚则释放白天所吸收的部分阳光能量，从而降低昼夜温差，避免夜间霜冻。

格拉夫产区离波尔多市较远，地处梅多克产区东南方向的延伸地带。格拉夫葡萄酒是法国唯一一个以土壤类型命名的葡萄酒：“Las grabas de Bourdeus”字面意思就是“波尔多砾石”。格拉夫葡萄生长的土壤和梅多克的土壤类型相似，砾石层较厚但更为均质，都含有沙质土、黏质土和钙质土。北格拉夫产出的红葡萄酒（1987 年建立的佩萨克 - 雷奥良法定产区）性烈而有层次感，久藏呈深红色。法定产区包括该地区所有的列级酒庄。格拉夫产区南部的红葡萄酒则更清淡而平衡，香气细腻。

波尔多干白葡萄酒

在干白葡萄酒的配比中，赛米翁占55%，在波尔多干白葡萄酒的配比中，赛米翁同样占主导地位。桶装酿造而成的高级干白葡萄酒（格拉夫及佩萨克 - 雷奥良白葡萄酒）有着良好的久藏性能。从品种上而言，赛米翁是苏维浓的混酿伙伴。在混酿中，赛米翁可增加酒体的圆润度和花香气息。赛米翁是生产白葡萄酒的葡萄品种，也是今年来发展最快的品种，占生产白葡萄酒的葡萄品种的34%。赛米翁酿造的葡萄酒美味可口，同时饱满活泼，香气复杂多样，其中有橘类水果、异域水果、黑加仑幼芽、黄杨、栀子花等香气。赛米翁的产量有限、价值高、潜力大，由它所酿造的干白葡萄酒味足、性烈、厚实，可以桶装酿造。

密斯卡岱，因其对土壤条件要求高，且产量不稳定，所以种植面积小。密斯卡岱富有花香，类似麝香。在混酿中，它为葡萄酒增添的圆润度比苏维浓更强。

有 12 个产区可生产波尔多干白葡萄酒，其中重要的产区有：

吉伦特省所有葡萄种植区都可生产波尔多法定干白葡萄酒。它们呈淡黄色或金黄色，芳香馥郁，有橘类水果、白色果肉水果的香气，伴有黄杨、蝶形花、洋槐花的气息，如果是桶装酿造，则偶有烘烤、黄油、烧烤的气息。

两海之间产区位于多尔多涅河与加龙河之间，之所以被称为“两海之间”产区，这是因为受大海潮汐的影响，两条河事实上已经成了内海。这里的葡萄种植历史悠久，早在高卢－罗马时代，当时的修士们便已经开始在这里种植葡萄。两海之间产区产出的白葡萄酒香气多变，有橘类水果、黄色花朵、异域水果的香气，口感活泼柔软，且清新爽口。

格拉夫产区的干白葡萄酒主要由赛米翁和苏维浓配比而成。格拉夫白葡萄酒香气复杂浓烈，有橘类水果、百香果、花朵（蝶形花、洋槐花）、黄杨、干果的香气。尝在嘴里，活泼饱满，丰沛充盈，新鲜可口，浓厚黏稠。在佩萨克－雷奥良（从属于格拉夫产区）白葡萄酒的配比中，苏维浓所占比例大于其在格拉夫白葡萄酒中所占比例。佩萨克－雷奥良白葡萄酒高雅醇正，味感强烈，散发着黄杨、山楂花、橘类水果、黑加仑幼芽的香气，尝在口中，饱满多味，味感强劲，但果味与活力间却不失平衡，且芳香持久。这类高端葡萄酒适合以橡树木桶来酿造和储藏。

波尔多布莱依丘产出的干白葡萄酒新鲜活泼，散发出沁人的柠檬清香。它们主要由苏维浓和赛米翁混合酿制而成，同时，配比一定鸽笼白、白玉霓作为补充，以增添葡萄酒的新鲜和活力。

波尔多干白葡萄酒的 12 个法定产区

波尔多大区级干白葡萄酒产区、波尔多上伯日诺产区、两海之间产区、两海之间上伯日诺产区、波尔多布莱依丘产区、宝迪丘产区、福伦克丘产区、格拉夫产区、佩萨克－雷奥良产区、韦雷－格拉夫产区、圣福瓦－波尔多产区、波尔多起泡葡萄酒产区

波尔多的韦雷－格拉夫、宝迪丘、福伦克丘等几个产区的干白葡萄酒的产量小。因此其生产过程中的每一步都精心到极致。葡萄酒原料以苏维浓、赛米翁、密斯卡岱为主，偶尔加入鸽笼白，在酿酒槽或者木桶中酿制。产区主要为黏质－钙质土的土质。

波尔多干白葡萄酒和波尔多起泡葡萄酒（白葡萄酒）：
全波尔多葡萄种植区法定产区产品

波尔多甜葡萄酒（微甜葡萄酒和甜葡萄酒）

甜葡萄酒主要由赛米翁（近 80%）、苏维浓（20%）和小比例增加香气的密斯卡岱混合酿制而成。出产甜葡萄酒的土质差别很大：加龙河左岸是黏质土、硅质土、砾质土、钙质土，加龙河右岸是黏性钙质土、黏性砾质土、黏性沙质土。

总体来说，波尔多甜葡萄酒产区占地面积约 3517 公顷，约占波尔多葡萄种植面积的 3%。波尔多甜葡萄酒非常珍贵稀有且品种优良。因其产量小而更显珍贵。在波尔多，人们常说一株葡萄可酿造一瓶红葡萄酒或一瓶干白葡萄酒，但一株葡萄只能酿造一杯甜葡萄酒。

微甜葡萄酒

波尔多首丘产区的微甜葡萄酒新鲜活泼并散发洋槐花、香草、桃子等的香气，浓烈而甘美，可在其初酿时品尝，也可久藏后品尝。波尔多福伦克丘产区产出的微甜葡萄酒则通常散发出一种异国水果的香气。

超级格拉夫产区产出的微甜白葡萄酒则紧致饱满，香气怡人，有橘类水果、桃子、洋槐花和蜂蜜的香气。

波尔多所有酿制葡萄酒的村镇以及各类土壤都适合生产超级波尔多微甜葡萄酒，但实际的种植面积却只有 50 多公顷。微甜葡萄酒果香馥郁，柔

微甜葡萄酒和甜葡萄酒，区别在哪儿

在此类葡萄酒中，分清楚微甜葡萄酒和甜葡萄酒是有必要的。

波尔多甜葡萄酒是白葡萄酒，主要由晚熟或迟收的葡萄通过不完全发酵酿造而成。在贵腐菌的作用下，一定比例的葡萄糖分没有发酵成酒精。人们将这种未充分反应的产物称作“残留糖分”。这部分残留糖分的甜度决定了微甜葡萄酒和甜葡萄酒的分类（见旁解及本书第 85 页）。如果残留糖分比达到每升 4 ~ 45 克，则归为微甜葡萄酒；如果残留糖分比达到每升 45 克以上，则为甜葡萄酒。

BORDEAUX
3
4
6
2
8
1
7
5
9
10
微甜白葡萄酒
1. 波尔多丘圣玛凯产区
2. 超级格拉夫产区
3. 波尔多首丘产区
4. 圣福瓦－波尔多产区
甜白葡萄酒
5. 巴萨克产区
6. 卡迪亚克产区
7. 塞隆产区
8. 卢皮亚克产区
9. 圣十字峰产区
10. 苏玳产区
超级波尔多：全波尔多葡萄种植区法定产区产品

生产波尔多甜葡萄酒的 11 个法定产区

五大生产微甜白葡萄酒的产区：超级波尔多产区、圣福瓦－波尔多产区、波尔多丘圣玛凯产区、波尔多首丘产区、超级格拉夫产区

六大生产甜白葡萄酒的产区：苏玳产区、巴萨克产区、塞龙产区、卡迪亚克产区、卢皮亚克产区、圣十字峰产区

顺活泼。位于吉伦特省东部以红葡萄酒而闻名的圣福瓦－波尔多法定产区，也生产少量的微甜葡萄酒，其口感清淡细腻，富有果香。波尔多丘圣玛凯产区产出的微甜葡萄酒非常柔顺活泼。

甜葡萄酒

苏玳产区的甜白葡萄酒是当地潮湿气候的一大厚赐。这片地区，包括三个（苏玳、巴萨克、塞隆）产区，都充分发挥了由一条名字叫锡龙河（Le Ciron）的小河所带来的微气候的优势。这条宝贵的小河蜿蜒在加龙河左岸，为甜葡萄酒的诞生提供了必要条件。在葡萄完全熟透之后，处于支配地位的日常干湿交替的气候有利于“贵腐菌”的滋生。这种菌极其常见，在其他地区，它会腐蚀葡萄，使葡萄品质降低（因此，人们也称之为“灰腐菌”），但在这几个地区，它却以不同的方式侵入葡萄。贵腐菌首先附着在浆果上，然后其菌丝地毯式侵入浆果表皮下层，使葡萄变成深紫色，这也就是所谓的“烂满”阶段。接着，贵腐菌便吸收浆果中的部分糖分和酸性物质。随后，在果胶溶解酶的作用下，贵腐菌将葡萄皮深度分解，此时的浆果变得极易渗透，浆果水分迅速蒸发，浆果由此变得干缩，果汁成分大量集聚，这就是“烂烤”阶段。此外，贵腐菌和植物之间的这种相互作用，还引起了某些化学反应，产生了复杂浓郁的香气。葡萄这种质的变化进展缓慢，而且不是所有葡萄植株都会同时产生这种变化。因此，葡萄的收获便分为几个步骤，或曰“分

拣”，收葡萄的人每次只会采收经贵腐菌作用过的葡萄。波尔多甜葡萄酒的诞生离不开这种神奇的造化。初酿的甜葡萄酒，口感丰富，富有果香，强劲有力。随着年份的推移，经过久藏的甜葡萄酒会形成一种独一无二的滑腻性和芳香。

苏玳产区位于波尔多东南部50余公里处，包括苏玳村、法歌村、博美村、佩纳可村及巴萨克村五个村镇。其中，巴萨克村还有望申请巴萨克分级产区或巴萨克－苏玳分级产区。

苏玳产区葡萄种植的土壤类型异常丰富，从而造就了风格多样的葡萄酒。黏土、沙土和砾土，叠垒于不同土层，形成坡度小的丘陵，即“小丘”。苏玳葡萄酒都是陈年佳酿，呈暗黄色。它们的香气平衡而复杂，有橘类水果、黑加仑、杏子的香气。口感甘美饱满，强劲有力，有独特的“烧烤”气息。1855年酒庄分级制度施行后颁布了十个列级酒庄，而滴金庄是其中唯一一个优等一级庄。

甜葡萄酒的起源

受贵腐菌感染过的葡萄干瘪，色暗沉，表面完全被菌毛覆盖，让人敬而远之。然而让人震惊的是，它们的果汁却可以被酿成琼浆玉露。而且，在将其酿制成甜葡萄酒之前，还需要使其进一步腐烂，这种特殊的步骤被称为“贵腐”。

晚季葡萄最早出现在16世纪。17世纪时，喜爱甜葡萄酒的荷兰酒商，并不因为个人喜好而愿意等待收购须经层层分拣的用来酿造甜葡萄酒的葡萄。因此那时，在巴萨克管辖区范围内（现在的苏玳－巴萨克产区），人们只生产半甜葡萄酒。从18世纪起，甜葡萄酒的生产在苏玳地区开始普及，因为一些有名望的甜葡萄酒爱好者（如美国总统托马斯·杰斐逊、康斯坦丁大公等）让葡萄种植者分拣葡萄，以挑选最好的贵腐葡萄。18世纪后25年，酒庄开始致力于提升葡萄酒的品质，分拣葡萄的做法因此便被推广开来。实际上，到了19世纪上半叶，甜葡萄酒才开始真正走向辉煌。

巴萨克村位于波尔多东南38公里处，地处锡龙河河口。巴萨克村葡萄酒可以被归为苏玳产区级别或巴萨克产区级别。巴萨克产区位于低海拔的平原之上，这里的土壤主要分为三种：加龙河附近的冲积层土壤、加龙河砾土以及所谓的“上巴萨克”平地的黏质钙质土壤，其下层土为钙质土。巴萨克产出的葡萄酒香气浓烈，细腻高雅，口感充盈持久，具有活力。1855年酒庄分级制度收录了十个巴萨克地区的列级酒庄。

塞隆产区位于波尔多的上游地区35公里处，加龙河左岸，包括伊拉、塞隆、波坦萨三个村镇。该产区土壤以硅质砾土为主，部分地方土质为黏质砾土，甚至沙土。下层土主要是钙质土。塞隆葡萄酒香气层次感强，复杂细致，丰沛充盈，富有水果香气。

卢皮亚克产区位于波尔多北部40余公里处，加龙河右岸，这里出产的甜葡萄酒可久藏，入口甘甜顺滑，果香细腻。圣十字峰产区位于波尔多上游地区5公里处，这里的葡萄主要种植在坡度较高的山丘上，其土壤主要由黏质钙质土组成。这里会经常发现大批甲壳类生物、牡蛎及其他种类的海洋化石。圣十字峰葡萄酒果香怡人、优雅活泼，并且随时间的推移，口感会更佳。这两个分级的出产范围仅限于各自的村镇。

卡迪亚克产区，距离波尔多40余公里，因位于加龙河右岸的卡迪亚克市而被命名为卡迪亚克产区。该产区包括22个分布在右岸的村镇。这里地势坡度大，甚至可以说陡峭。位置不同，土壤也有别，或为黏质钙质土或砾土，其下层土或为黏质钙质土或钙质土。卡迪亚克产区葡萄酒淡雅而不失活力，芳香并散发出水果的气息。

分级制度及列级名庄

波尔多葡萄酒享誉世界得益于波尔多列级酒庄分级制度，这个制度向来被视作葡萄酒品质与信誉的保障。分级制度的概念始于波尔多，1855 年列级酒庄分级制度收录了当时梅多克产区和苏玳产区部分声誉好且商业价值高的酒庄。

列级酒庄

酒庄实现了人与自然的融合，一是因为酒庄对土壤要求高，一般要求土壤贫瘠、排水能力强，以利于葡萄根部向下延伸，吸收土壤表层所缺少的营养物质（如矿物元素）；二是因为酒庄反映了一代代劳动者为提升葡萄酒品质所做的努力。

波尔多酒庄在分级制度确立之前便早已存在。比如，1609 年建立的侯伯王酒庄（Château Haut–Brion），1703 年建立的玛歌酒庄（Château Margaux）、拉菲酒庄（Château Lafite）及拉图酒庄（Château Latour）。此后，大酒庄的数量不断增加，它们所产出的葡萄酒品质也得到广泛认可。如今调查显示，这些大酒庄集中在以下四个地区：梅多克地区、格拉夫地区、圣埃美隆地区、苏玳 – 巴萨克地区。

波尔多葡萄酒分级制度

吉伦特省的若干分级制度按资历排序如下：

1855 年分级制度，收录了梅多克产区酒庄（红葡萄酒）、苏玳产区酒庄（甜白葡萄酒）、一个格拉夫酒庄（红葡萄酒）。

格拉夫产区分级制度（1953 年初次制定，红葡萄酒和白葡萄酒）。

圣埃美隆产区分级制度（1954 年初次制定，红葡萄酒）。

梅多克产区中级酒庄分级制度（1932 年初次制定，红葡萄酒）。

艺术家级酒庄分级制度（2002 年初次制定，红葡萄酒）。

当然，分级制度的缺失并不妨碍一个产区如波美侯产区，或一些酒庄如柏翠庄园（Petrus）成为知名产区或酒庄。

1855 年分级制度（梅多克产区和苏玳产区）

1855 年，世界博览会在巴黎举行，拿破仑三世要求每个参展葡萄酒产区拟定一份葡萄酒等级。1705 年成立的波尔多工商会受托起草吉伦特省葡萄酒的资料。波尔多工商会意识到未经过等级排序的葡萄酒将无法送展，便要求驻波尔多交易所的葡萄酒交易商工会拟定一份吉伦特省红葡萄酒和白葡萄酒的分级名单。这份名单只收录了梅多克产区的红葡萄酒，苏玳产区和巴萨克产区的甜白葡萄酒及格拉夫产区的一个红葡萄酒酒庄。而利布尔讷有可能因为当时没有工商会（利布尔讷工商会直到 1910 年才建立）以及葡萄酒市场上一手遮天的波尔多酒商的存在。

**列级酒庄分布在四个产区：
梅多克产区、格拉夫产区、
圣埃美隆产区、苏玳－巴萨克产区。**

这个根据各酒庄的名气及交易价格而建立的分级制度，1973 年依据波尔多工商会组织举行的评比被修改过一次，但仅涉及梅多克产区。这唯一的一处修改是将本来列入二级酒庄的木桐酒庄重新列入一级酒庄名录。

梅多克产区的 60 个列级酒庄的产酒量占本产区总产量的 24%。需要说明的是，对于已经列入名录的酒庄，只有其产出的高品质葡萄酒才可以被列入这个等级。

更多详情，请登录波尔多 1855 年列级酒庄联合会官方网站：
www.crus-classes.com

1855 年分级制度（含 1973 年调整部分）收录了生产红葡萄酒的一个格拉夫产区酒庄、60 个梅多克产区酒庄，以下按等级顺序排列。

一级列级酒庄

侯伯王酒庄，佩萨克，佩萨克·雷奥良法定产区
拉菲·罗斯柴尔德酒庄，波亚克，波亚克法定产区
拉图酒庄，波亚克，波亚克法定产区
玛歌酒庄，玛歌，玛歌法定产区
木桐酒庄，波亚克，波亚克法定产区

二级列级酒庄

布朗康田酒庄，康田，玛歌法定产区
爱士图尔酒庄，圣艾斯泰夫，圣艾斯泰夫产区
杜克宝嘉龙酒庄，圣·于连·龙船镇，圣·于连法定产区
杜霍酒庄，玛歌，玛歌法定产区
金玫瑰酒庄，圣·于连·龙船镇，圣·于连法定产区
力士金酒庄，玛歌，玛歌法定产区
雷欧威·巴顿酒庄，圣·于连·龙船镇，圣·于连法定产区
雄狮酒庄，圣·于连·龙船镇，圣·于连法定产区

宝富酒庄，圣・于连・龙船镇，圣・于连法定产区
玫瑰山酒庄，圣艾斯泰夫，圣艾斯泰夫产区
碧尚男爵酒庄，波亚克，波亚克法定产区
碧尚女爵酒庄，波亚克，波亚克法定产区
豪庄・赛格拉酒庄，玛歌，玛歌法定产区
露仙歌酒庄，玛歌，玛歌法定产区

三级列级酒庄

波依康田酒庄，康田，玛歌法定产区
凯隆世家酒庄，圣艾斯泰夫，圣艾斯泰夫产区
康田布朗酒庄，康田，玛歌法定产区
狄士美酒庄，玛歌，玛歌法定产区
费里埃酒庄，玛歌，玛歌法定产区
美人鱼酒庄，拉加尔德，玛歌法定产区
帝仙酒庄，康田，玛歌法定产区
麒麟酒庄，康田，玛歌法定产区
力关酒庄，圣・于连・龙船镇，圣・于连法定产区
朗丽湖酒庄，路顿，上梅多克法定产区
朗歌巴顿酒庄，圣・于连・龙船镇，圣・于连法定产区
马利哥酒庄，玛歌，玛歌法定产区
碧加侯酒庄，玛歌，玛歌法定产区
宝玛酒庄，康田，玛歌法定产区

四级列级酒庄

龙船酒庄，圣・于连・龙船镇，圣・于连法定产区
班尼杜克酒庄，圣・于连・龙船镇，圣・于连法定产区
都夏美隆酒庄，波亚克，波亚克法定产区
拉科鲁锡酒庄，圣艾斯泰夫，圣艾斯泰夫产区
德达侯爵酒庄，玛歌，玛歌法定产区
宝爵酒庄，康田，玛歌法定产区

荔仙酒庄，康田，玛歌法定产区
圣皮埃尔酒庄，圣・于连・龙船镇，圣・于连法定产区
大宝酒庄，圣・于连・龙船镇，圣・于连法定产区
拉图嘉利酒庄，圣劳拉・梅多克，上梅多克法定产区

五级列级酒庄

达马雅克酒庄，波亚克，波亚克法定产区
巴特利酒庄，波亚克，波亚克法定产区
巴加芙酒庄，圣劳拉・梅多克，上梅多克法定产区
卡门萨克酒庄，圣劳拉・梅多克，上梅多克法定产区
佳得美酒庄，马可，上梅多克法定产区
克拉米伦酒庄，波亚克，波亚克法定产区
科斯拉柏丽酒庄，圣艾斯泰夫，圣艾斯泰夫产区
歌碧酒庄，波亚克，波亚克法定产区
杜扎克酒庄，拉加尔德，玛歌法定产区
杜卡斯酒庄，波亚克，波亚克法定产区
拉古斯酒庄，波亚克，波亚克法定产区
奥巴里奇酒庄，波亚克，波亚克法定产区
奥巴特利酒庄，波亚克，波亚克法定产区
林卓贝斯酒庄，波亚克，波亚克法定产区
林奇穆萨酒庄，波亚克，波亚克法定产区
百德诗歌酒庄，波亚克，波亚克法定产区
彭特－卡耐酒庄，波亚克，波亚克法定产区
杜黛特酒庄，阿尔萨克，玛歌法定产区

1855 年分级制度收录了生产甜白葡萄酒的 26 个苏玳产区和巴萨克产区酒庄，以下按等级顺序排列。

超一级列级酒庄

滴金酒庄，苏玳，苏玳法定产区

一级列级酒庄

克莱蒙酒庄，巴萨克，巴萨克法定产区
奥派瑞酒庄，博美，苏玳法定产区
古岱酒庄，巴萨克，巴萨克法定产区
芝路酒庄，苏玳，苏玳法定产区
拉弗瑞佩拉酒庄，博美，苏玳法定产区
哈宝普诺酒庄，博美，苏玳法定产区
海内维侬酒庄，博美，苏玳法定产区
琉塞克酒庄，法歌·德·朗共，苏玳法定产区
斯格拉哈伯酒庄，博美，苏玳法定产区
绪帝罗酒庄，佩纳可，苏玳法定产区
白塔酒庄，博美，苏玳法定产区

二级列级酒庄

方舟酒庄，苏玳，苏玳法定产区
博思岱酒庄，巴萨克，巴萨克法定产区
宝石酒庄，巴萨克，巴萨克法定产区
多西戴恩酒庄，巴萨克，巴萨克法定产区
多西杜布罗卡酒庄，巴萨克，巴萨克法定产区
多西韦德林酒庄，巴萨克，巴萨克法定产区
飞跃酒庄，苏玳，苏玳法定产区
拉莫特皮约尔酒庄，苏玳，苏玳法定产区
拉莫特齐格诺酒庄，苏玳，苏玳法定产区
马勒酒庄，佩纳可，苏玳法定产区
米拉特酒庄，巴萨克，巴萨克法定产区
奈哈克酒庄，巴萨克，巴萨克法定产区
罗曼酒庄，法歌·德·朗贡，苏玳法定产区
罗曼莱酒庄，法歌·德·朗贡，苏玳法定产区
苏奥酒庄，巴萨克，巴萨克法定产区

在苏玳产区和巴萨克产区，列级酒庄同样发挥了不可替代的经济作用。这两个产区的列级酒庄面积占产区总面积的45%，葡萄酒产量占产区总产量的30%。

格拉夫产区分级制度

1953年，应格拉夫产区保护工会要求，法国国家原产地控制命名局着手制定了该地区的酒庄分级制度，并于1959年对其进行了修改和补充。格拉夫产区的红葡萄酒和白葡萄酒均为品质上乘的佳酿，因此，对仅生产高品质白葡萄酒或红葡萄酒的酒庄，或者两者皆有的酒庄，INAO在评选列级酒庄时均有考虑。在格拉夫产区分级制度名录中，有16个酒庄可同时生产白葡萄酒和红葡萄酒，这些酒庄同处“列级酒庄”，且都分布在佩萨克－雷奥良法定产区。需要注意的是，对该分级制度可能会调整的部分，我们在文中不妄加揣测。

更多详情，请登录格拉夫产区分级制度官方网站：
www.crus-classes-de-graves.com

格拉夫产区列级酒庄

宝斯高酒庄，卡多雅克，红葡萄酒和白葡萄酒
卡尔邦女酒庄，雷奥良，红葡萄酒和白葡萄酒
骑士酒庄，雷奥良，红葡萄酒和白葡萄酒
歌欣酒庄，维勒纳夫多尔农，白葡萄酒
歌欣乐顿酒庄，维勒纳夫多尔农，白葡萄酒
佛泽酒庄，雷奥良，红葡萄酒
高柏丽酒庄，雷奥良，红葡萄酒
侯伯王酒庄，佩萨克（同样列入1855年酒庄分级制度），红葡萄酒
拉图玛蒂雅克酒庄，玛蒂雅克，红葡萄酒和白葡萄酒
拉维尔－侯伯王酒庄，塔朗斯，白葡萄酒

马拉蒂克拉维尔酒庄，雷奥良，红葡萄酒和白葡萄酒
修道院侯伯王酒庄，塔朗斯，红葡萄酒
奥莉薇酒庄，雷奥良，红葡萄酒和白葡萄酒
克莱蒙教皇酒庄，佩萨克，红葡萄酒
史密斯拉菲特酒庄，玛蒂雅克，红葡萄酒
拉图侯伯王酒庄，塔朗斯，红葡萄酒

圣埃美隆产区分级制度

1954 年，应圣埃美隆产区保护工会要求，法国国家原产地控制命名局制定了该地区酒庄的等级分级制度，并明确规定，INAO 每十年要对这个分级制度进行一次复审。以下是圣埃美隆产区分级制度的修改历史。

1954 年初次制定圣埃美隆产区分级制度，1958 年对其进行了修订，1969 年二次修定。圣埃美隆产区分级制度本应于 1979 年完成的第三次酒庄分级修订直到 1984 年才得以完成。1986 年 5 月 23 日的决议规定，这次分级制度适用于 1986 年之后的葡萄酒。自此，圣埃美隆产区产出的所有葡萄酒都被确认列入圣埃美隆法定产区或者圣埃美隆列级酒庄法定产区，但是，根据官方分级制度，只有列级酒庄产出的葡萄酒才可以使用“列级酒庄”或者“一级列级酒庄”字样标识。

1996 年第四次修订的酒庄分级，收录了 13 个一级列级酒庄和 55 个列级酒庄。

2006 年，第五次修订的酒庄分级，收录了 15 个一级列级酒庄。此次修订遭到葡萄种植者的拒绝，并引发了抗议，导致此次修订形同虚设。几经反复后，最终参议院出面宣布作废，并对 1996 年的分级制度进行了重新修订。此外，参议院还决定将这次重新修订的分级制度一直延用到 2011 年，并允许废除的分级制度所收录的一级列级酒庄和列级酒庄在其酒标上继续使用这两种不同的字样标识。2012 年收获季，一种新的分级制度修订程序被提上了日程。

第六次修订的酒庄分级制度于 2012 年 9 月 6 日诞生，这次修订采用了由 INAO 主导，农业部及消费者协会参与的一种新修订程序。此次分级制度收录了 64 个列级酒庄和 18 个一级列级酒庄共 82 个酒庄。

更多详情，请登录圣埃美隆葡萄酒委员会官方网站：
www.vins-saint-emilion.com

梅多克产区中级酒庄分级制度

“中级酒庄”这个用语可追溯到中世纪。在这个时期，中产阶级人口（波尔多城镇人口）迅速增加，并占据了最优质的土地，中产阶级便因此得名。实际上，据当时资料，波尔多很早就有 200 ~ 300 个酒庄。1932 年，在波尔多商会和吉伦特省农会的指导下，波尔多葡萄酒经纪人正式确立了中级酒庄制度，当时包括了 444 个酒庄。1979 年，欧共体有关条例肯定了酒标上的传统标识“中级酒庄”。2000 年，这些酒庄经过甄选被区分为特级中级酒庄、超级中级酒庄和中级酒庄。2003 年 6 月 17 日，最终以部长令形式批准了中级酒庄的第一个官方分级制度，490 个参选酒庄中有 247 个入选。然而，2007 年，行政法院勒令波尔多取消了这项法令。梅多克产区葡萄种植者以梅多克中级酒庄联盟为阵地，希望通过一项严格的质量监管措施重振传统标识“中级酒庄”，并为此而积极奔走。

2009 年 10 月，政府机构认可了这项新的质量监管措施，并对梅多克中级酒庄进行筛选。自 2010 年开始，每年 9 月份公布官方的筛选结果。每年的筛选结果徘徊在 240 ~ 260 个酒侯（特指种植葡萄和酿造葡萄酒的产业，但集中度不必很高——译者注）。如今，中级酒庄为梅多克八大法定产区之一，通常是梅多克地区小型家庭式酒庄，它保证了该产区 40% 的葡萄酒产量。

更多详情，请登录梅多克中级酒庄官方网站：www.crus-bourgeois.com

梅多克产区艺术家级酒庄

在梅多克产区，“艺术家级酒庄”这个名词已经存在150多年了。它指的是梅多克地区为手工作业者（箍桶匠、大车修理工、马蹄铁匠）拥有的小规模家庭式酒坊。这个分级在20世纪中期遭到废弃。直到1989年，梅多克艺术家级酒庄工会成立，它再次得到认可。一般来说，酒坊的所有者参与葡萄园管理，生产法定产区葡萄酒，并将葡萄酒装瓶销售到各个酒庄。梅多克艺术家级酒庄工会的目的是将这些小规模或中等规模的自营酒坊联合起来。1994年6月，欧盟有关条例再次认可了这个分级，并允许艺术家级酒庄在其酒标正标上标注“艺术家级酒庄”字样。梅多克艺术家级酒庄制度分别于2006年、2012年在《法国政府公务报》（*Journal officiel*）上做了公示，其中共收录44个酒坊。这个分级制度每10年修订一次。

更多详情，请登录梅多克艺术家级酒庄官方网站：
www.crus-artisans.com

亲密协作的葡萄酒产业

波尔多有13个以推销各自产区葡萄酒为目的的葡萄酒协会，并向全国其他地方派驻了85个葡萄酒鉴赏协会作为波尔多葡萄酒形象大使，二者都由波尔多葡萄酒总理事会管理。

一些波尔多葡萄酒相关协会列举如下：

葡萄酒鉴赏协会，协会包括梅多克和格拉夫产区协会，苏玳和巴萨克产区协会以及圣十字峰产区协会

圣爱美 - 隆茹拉德红酒协会
波美侯好客红酒协会
波美侯 - 拉朗德大法官红酒协会
波尔多 - 布莱依丘统帅红酒协会
宝迪丘 - 吉耶纳统帅红酒协会
两海之间 - 吉耶纳统帅红酒协会
韦雷 - 格拉夫吉耶纳统帅红酒协会
卡迪亚克 - 首丘吉耶纳统帅红酒协会
波尔多兄弟红酒协会
卢皮亚克兄弟红酒协会
弗龙萨克 - 公爵侍从红酒协会
波尔多和超级波尔多产区葡萄种植者秩序红酒协会

综合一览表

地理分区	年份	所涉及的葡萄酒颜色	列级酒庄个数
梅多克产区（60） 格拉夫（1）产区	1855	红葡萄酒	5 个一级列级酒庄 14 个二级列级酒庄 14 个三级列级酒庄 10 个四级列级酒庄 18 个五级列级酒庄
苏玳产区和巴萨克产区	1855	甜白葡萄酒	1 个超一级列级酒庄 11 个一级列级酒庄 15 个二级列级酒庄
格拉夫产区	1959	白葡萄酒和红葡萄酒	16 个列级酒庄
圣埃美隆产区	2012	红葡萄酒	18 个一级列级酒庄 64 个列级酒庄
中级酒庄产区	2010	红葡萄酒	260 个中级酒庄
艺术家级酒庄产区	2006	红葡萄酒	13 个梅多克大区级法定产区 9 个村镇级法定产区 22 个上梅多克法定产区

3

L'ART DU BORDEAUX

波尔多葡萄酒艺术

葡萄种植者的一年

从葡萄园到酒窖，每个月都会有某项工作到来，这些工作决定了葡萄酒最终的品质。以下以日历的形式归纳了这些工作环节，日历从10月开始介绍，因为在10月，葡萄收获刚刚结束，葡萄园里新一轮的劳作就要开始。

10月

这个时期，葡萄种植者开始着手酿制葡萄酒，同时也是葡萄园里的耕地时节。在葡萄生成时期，葡萄植株为了生长和产出高质量的葡萄，会贪婪地汲取土壤中的养分，因此，为了保证来年葡萄生长所需养分，要给

土壤施有机肥和矿物肥，10月是一个理想时节。此外，还有培土工作，即用犁在葡萄行间隙处翻土，并将所翻的土壤覆盖到葡萄苗的根部，以防范冬天霜冻。

葡萄日历

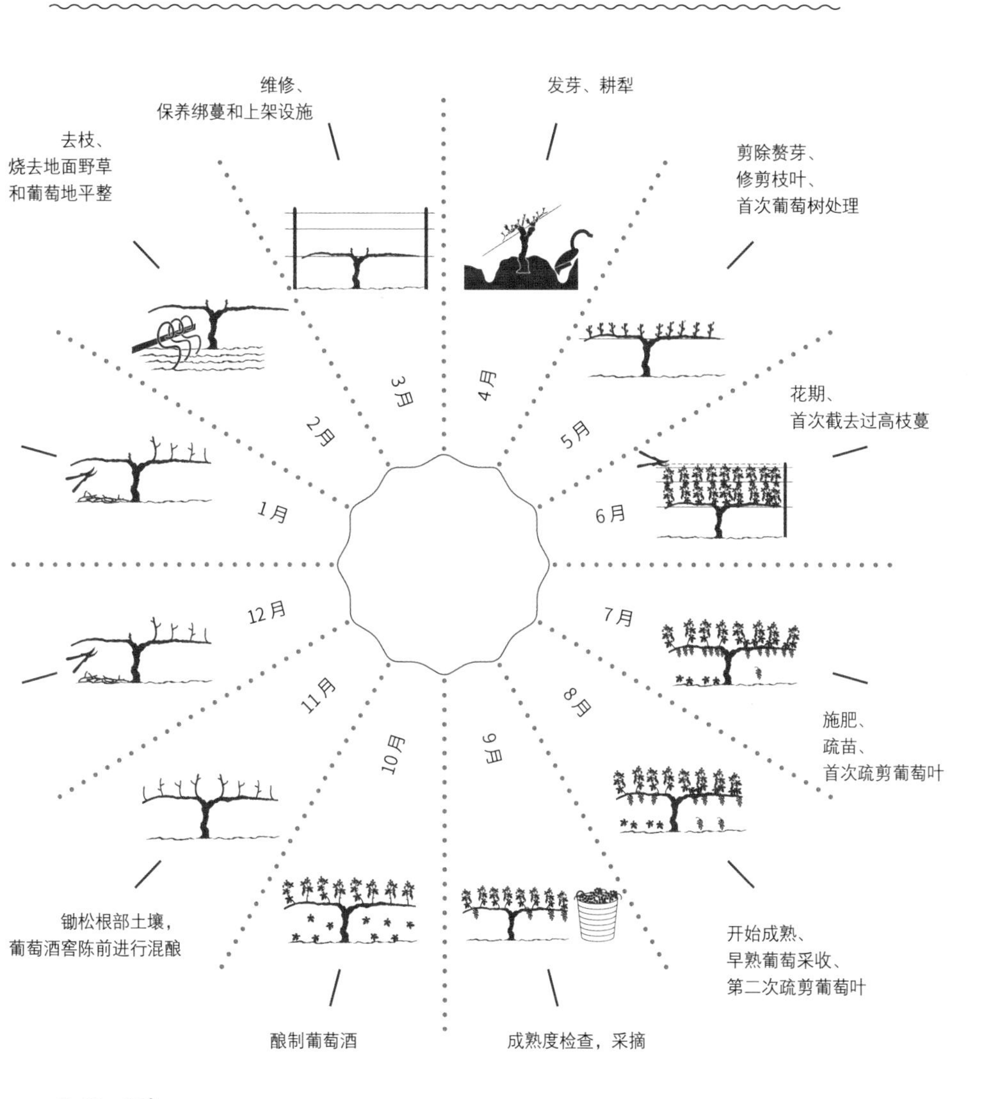

10 月：
葡萄酒酿制与葡萄园土地翻耕同时进行。

11月到1月

从11月开始，就要准备剪枝工作了（请见本书第114~116页），也就是说，取下绑蔓夹子、压低绑蔓铁网以便于剪枝工作顺利进行。待葡萄树叶落完，剪枝工作便可以进行了。剪枝工作一直持续到3月中旬。事实上，剪枝工作持续的时间最长，它也是葡萄园管理中最重要的工作。通常，葡萄种植者从11月中旬便开始剪枝工作，除非他们可以在很短的时间内将其完成。

2月

去枝是剪枝工作的补充，旨在去除被剪落的枝蔓。为了消除这些枝蔓，通常采用两种方法：焚烧或粉碎。机械化粉碎枝蔓速度非常快；将粉碎的枝蔓撒在园间，可以增加土壤的有机成分，而焚烧产生的灰烬可以增加土壤的矿物成分。

3月

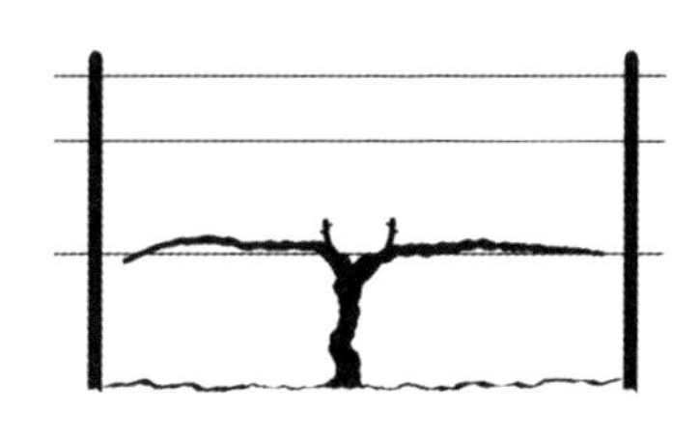

一旦剪枝和去枝工作结束，就要维修绑蔓设施了，如更换因恶劣天气、机械碰撞而受损的木桩以及被弄断的铁网，重新固定结实的铁网……一旦铁网重新固定好，葡萄种植者就要把葡萄苗绑到“苗柱”上和铁网的下部。

3月，葡萄园渐渐从冬眠状态中苏醒，这是新的生长周期的开始。汁液上流到枝蔓并从剪枝留下的伤口处渗出，人们将其比喻成葡萄的泪水。这时，葡萄种植者需要根据葡萄生长状况及气候条件调整自己的工作。

4月

葡萄发芽的第一个阶段：葡萄树上的芽不断生长，以后将会长成葡萄叶和葡萄枝蔓。在这个关键时期，葡萄种植者尤其担心春天的霜冻，这可能会导致新枝丫受损，从而造成葡萄减产，一如1991年4月的情况。

这个时期，葡萄种植者还要为葡萄园松土，平整葡萄行间和葡萄根部的土壤，锄去冬天长出的杂草。这几步工作之后，葡萄苗间仍然会有很多土疙瘩，葡萄种植者用葡萄树行间专用的耕犁将这些土疙瘩去除。最后，需更进一步用手工去除残留的小土块。这是一项艰辛的工作，尤其要面对的是雨水蒸发后变得异常结实的黏质土壤。

5月

处于发芽和开花之间的时节，葡萄种植者需要选择有望结出品质好的葡萄的枝蔓，这涉及剪除赘芽和修剪枝叶工作。这时候的枝蔓生长迅速，一天可长5~15厘米，因此，在去梢（修剪枝蔓）之前，需要定期将新生枝蔓扶起并绑定。

6月

花期从5月开始，一直持续到6月，此时葡萄开始进入授粉阶段。这个时期很关键，会直接影响葡萄产量、葡萄品质及采摘时间。可否平稳度过这个阶段主要取决于天气情况。授粉时期天寒和多雨将会导致落花落果现象，表现为葡萄串上的浆果数量减少，或导致葡萄部分果实僵化，表现为葡萄生长受阻。

7月

花期一结束，葡萄便开始进入结果阶段，花朵变成浆果。早在三个月前，葡萄种植者已对收获时间了然于胸，因为开花后120天（特别是对黑梅洛来说）和半熟后45天（请见下文，8月）是葡萄的理想成熟期。这个时期，葡萄很容易受真菌感染和蜱螨目害虫侵害，葡萄种植者对葡萄株进行足够适量的检疫以保护葡萄。多年来，葡萄种植者为进行必要而严格的检疫付出了巨大努力。此外，随着葡萄的生长，还要相继进行扶枝工作（将枝蔓绑缚在铁网面上）和去梢工作（剪去过高枝蔓）。

总而言之，一年中的7月和8月是决定葡萄酒品质的关键时期。7月是开始结果的时期，部分阳面的葡萄株已被疏剪，且部分果实过多的葡萄株经采摘也变得稀薄（未熟葡萄的采摘）（见《葡萄未熟时期的劳作：更好地控制葡萄株》）

8月

葡萄开始成熟的季节，葡萄颜色开始变化，这是葡萄成熟的前奏。成熟时间的长短取决于天气条件，同时这也会影响成熟葡萄的品质。在这个时期，葡萄株停止生长，枝蔓的颜色开始由绿色变为褐色，这是葡萄枝在夏季木质化的结果。

8月是开始第二阶段疏剪树叶的月份。这次主要是进行背阳面葡萄株的疏剪，对不同步成熟的未熟葡萄进行采摘。

9月

一旦葡萄成熟，葡萄种植者便开始准备收获葡萄。这时葡萄种植者最操心的事就是选择一个好日子采摘已经完全成熟的、完好无损的且未被灰腐菌感染的葡萄。这个日子并不好确定，尽管年年如此，但是每年的情况并不一样。每个年份都有特殊情况发生。检查葡萄成熟度工作和品尝葡萄的工作相继进行着。当官方发布收获葡萄的通告时（请见本书第120页《葡萄收获时节》），葡萄采摘工作便可以进行了。葡萄采摘要根据葡萄产量和天气状况，一般持续一到三个星期。

波尔多葡萄酒艺人

葡萄种植者、葡萄园主、葡萄酒酿造大师、葡萄培育大师、酒商、葡萄园工人，这个群体是神奇的波尔多葡萄酒反应式的三要素之一，他们有一个共同的爱好——波尔多葡萄酒，他们将波尔多葡萄酒推向荣誉之巅。波尔多法定产区一位叫若纳唐（Jonathan）的葡萄种植者曾说过："波尔多葡萄酒的酿造艺术，源于人们乐于代代传承，乐于建设一个非常出色的酒庄或挑战一个异常艰难的年份，乐于了解葡萄园的每一寸土地。"在波尔多葡萄种植区生活的家庭，一直以来继承着其祖辈的土地和技艺的财富，并呵护着这份遗赠，一代又一代维持着传统和现代之间的平衡。

在波尔多葡萄园风景里，出现了越来越多的女性身影，她们或是女葡萄种植者、女葡萄酒工艺师，或是女酿酒师、女葡萄园管理者，活跃在一个长久以来隶属男性的世界里。年轻夫妇也是葡萄园活力的一部分。此外，还有一些人并不是出自葡萄世家，却为波尔多葡萄园的魅力所折服。这些人因此选择移居波尔多葡萄园选择一种新生活，以实现他们的理想，释放他们的热情。

观看视频《葡萄种植者剪影》，请登录网站：www.bordeaux.com

波尔多葡萄园及其可持续发展

在不断变化着的波尔多葡萄种植艺术中，不乏将先辈们的技艺方法与现代技术革新相结合的情况，而有关葡萄园、葡萄、土壤及葡萄酒酿制的最新知识也被运用到葡萄酒工艺中去。例如，乳酸发酵法——酒精发酵法之后的一种自然发酵——直到20世纪50年代才被人们真正认识，到70年代才被掌握运用。20世纪末，对葡萄成熟过程的认知以及葡萄皮、葡萄籽中多酚成分的发现，极大地推动了葡萄酒产业的发展。葡萄酒品质得以不断提升，葡萄酒生产稳定性得到极大改善。

在学习这些方法知识的同时（也正是因为学习这些方法知识），波尔多新一代葡萄种植者越来越担心环境以及葡萄园和葡萄酒的生态完整性。20多年来，波尔多葡萄酒行业协会一直在尽量控制葡萄酒行业对环境的影响。自2010年开始，波尔多葡萄酒各业理事会（CIVB）先后拟定了波尔多葡萄酒碳值计量法（Bilan carbone）以及2020波尔多气候计划，并在责任共担和经验共享的基础上，创立了一种新颖的环境保护措施：波尔多葡萄酒环境管理体系（SEM）。这项集体的环境保护措施针对的是整个葡萄酒行业，适用于全体葡萄种植者和酒商。这个体系有助于在葡萄园开发及葡萄酒经营过程中采用一种集体的保护措施，以达到以下几个目的：共同分担成本（设备采购、监管、培训……），保护土壤多样性及土壤质量，让生态系统生机勃发，优化空气及水源质量，促进行业间经验、技能交流。简而言之，就是有利于环境保护，实现可持续发展。

理性葡萄种植、生物法、生物动态法

这三个名词指的是葡萄种植者为了在培育葡萄、生产葡萄酒的过程中最大化尊重环境所用的三种不同方法。每种方法都有自己的方法论，且与另外两种方法不同，即每种方法有自己的一系列详细特点。“理性农业”（2002年4月28日出版的《法国政府公务报》公布的一条法令对“理性农业”进行了定义）是关于农业开发的一种全面概述，它力求增强农业生产对环境的积极影响，降低农业生产对环境的消极影响。理性农业投射到葡萄种植上，就可以解释为理性防治，而理性防治这个方法在波尔多被广为运用，它要求根据杀虫剂的特性，根据对葡萄园全面细致的观察，有选择性地使用对生态环境影响较小的杀虫剂。

这些方法主要基于综合防治法（生物法、化学法、物理法或耕作法，最大限度地减少使用植物药剂）和生物防治法（使用有机生物减少虫害损失，该法也适用于有机葡萄种植）。生物防治法的特点是利用益虫（瓢虫、蜻蜓、黄蜂）来捕食危害葡萄园的毛毛虫、蛀虫、介壳虫和蛾虫。此外，生物防治法还要求在葡萄园附近安置蜂窝或种植蜜源植物，以吸引蜜蜂传粉。

欧共体2092/911号条例规定，有机葡萄种植严禁使用任何有机合成物质，只允许使用天然的（矿物的或者植物的）原材料，以保护土壤和自然生态系统。官方认可的认证机构（法国国际生态认证中心和法国质量认证机构）可对是否遵循这些规定进行核查，并负责授权使用“生态农业”标识字样和AB标志。

生物动态葡萄种植法推崇的是葡萄园和环境之间的平衡。1924年，在奥地利哲学家兼农业家鲁道夫·史坦纳（Rudolf Steiner）的影响下，农学家们经过一系列会议讨论，提出了生物动态葡萄种植法的主要原则。这个原则主张以植物、动物、矿物质为原料来制备肥料；翻、耕土地；依据葡萄生长环节，结合阴、阳历法，来确定具体的施肥时间，从而达到土壤改良（土壤恢复）和植物改良的目的。生物动态产品需有德米特（Demeter）国际有机认证标签。

剪枝和
葡萄园工作

葡萄的剪枝工作是葡萄园最重要的工作之一，它决定了未来收获的葡萄的品质。葡萄种植者最操心的就是剪枝工作，剪枝和葡萄园里的其他工作一样，旨在让葡萄的品质达到最佳状态。

剪枝，为了葡萄苗的茁壮成长

很久以前，人们发现葡萄树根被动物啃过的葡萄树所产出的葡萄果实更大、品质更好。注意到这个现象后，葡萄种植者便开始进行剪枝，以改善葡萄品质，提高葡萄产量。剪枝让葡萄根部的植物生长活动更为均衡，可以促使葡萄根部传送的汁液集中到某一部位，枝蔓便因此生长得更加茁壮。

关于葡萄剪枝的专业术语

结果枝（加斯科涅方言，起源于拉丁语“hasta”，有“杆、柄”“长矛”之意）：葡萄枝蔓上用来结果实的那一截枝蔓，也是剪枝时被留下来的作为新的结果枝的枝蔓。

葡萄植株：葡萄的木质根部，寿命可超百年。年老葡萄树所产出的葡萄酒要比年轻葡萄树所产出的葡萄酒更优质。

结果母枝：在有些葡萄植株上可见被剪得特别短的枝蔓，以便来年葡萄抽生新的结果枝蔓。通常，每根结果母枝上有两到三个新芽。

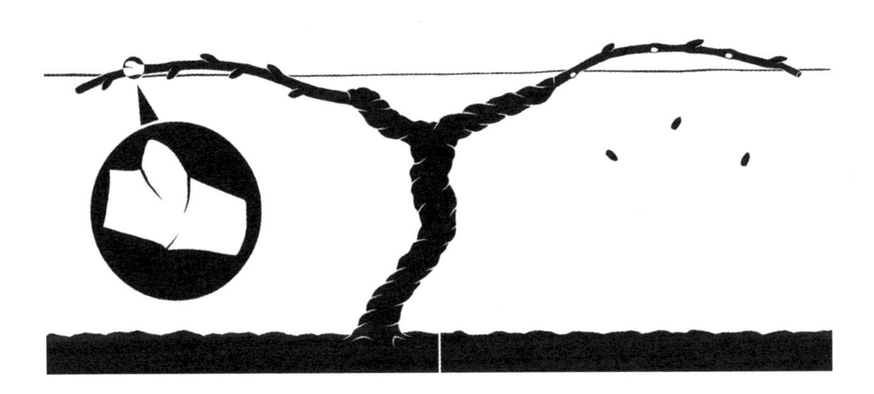

波尔多剪枝法或梅多克剪枝法

用所谓的波尔多剪枝法或者梅多克剪枝法修剪过的葡萄枝呈带有两根扇骨的扇形。每根主枝看起来很长，上有一根结果枝，每根结果枝有五到七个芽眼（不同的葡萄植株芽眼数目也不同），枝条朝地一侧的所有芽眼都要被去除，每根结果枝只保留两到三个芽眼。将结果枝顶梢倾斜绑缚在铁丝网下侧。为了保证结果枝的年轻化，25%以内的葡萄植株可以保留带有两个芽眼的结果母枝。

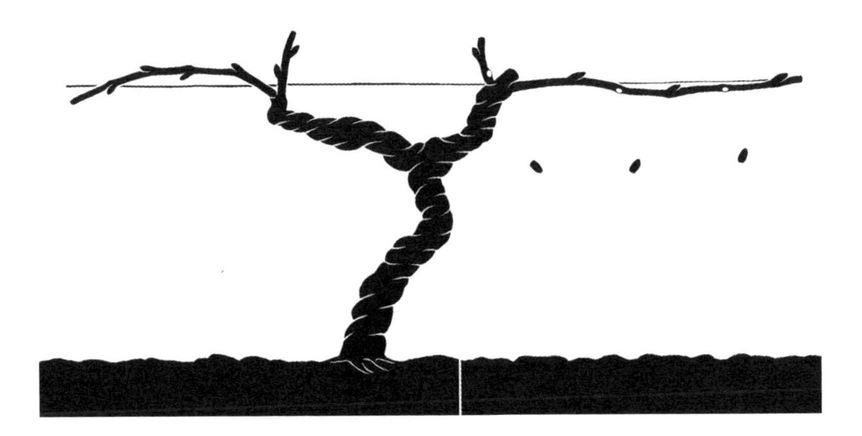

长枝剪枝法

波尔多所有葡萄种植区的所有葡萄品种都使用这种长枝剪枝法。唯一可能的区别是根据土壤肥沃程度及葡萄品种的不同，或保留单长枝或保留双长枝。

单长枝剪枝法要点如下：每年只保留一根长有六到十个芽眼的长枝蔓，并将其与地面平行，倾斜、垂直或折弯绑缚。此外，还保留一根长有两个新芽的结果母枝，以便来年抽出结果枝。每年收获之后，这根长枝就会被剪除。

双长枝修剪法，顾名思义是指一株葡萄树只保留两根单长枝，即葡萄植株的每一端保留一根结果母枝和一根结果枝。在葡萄种植密度中等的葡萄园里，使用这种剪枝法。到葡萄收获季节，成熟葡萄的分布更加匀称，所产的葡萄的熟度也会更加完美。

单干剪枝法

这种剪枝法就是在垂直树干上留下一根水平枝干，并保留五到七根结果枝。

在梅多克产区和布莱依产区部分地区可能会用到这种剪枝法，但在波尔多运用并不广泛。

U 形剪枝法

在波尔多，U 形剪枝法已经很少使用，可以说只是偶尔为之；在此对这个方法略做介绍以备查阅。U 形剪枝法是唯一一个保障大葡萄园好收成的剪枝法。两根绑缚轴构成一个 U 形。两根竖直的主枝上可保留结果母枝也可以保留长枝，而其枝蔓都会被绑缚，这样有利于葡萄植株的开放式生长和葡萄串的有序排列。

未成熟时期葡萄树的管理

葡萄未成熟时期管理是近年来由波尔多葡萄种植者发展起来的，对挂果葡萄树进行的一系列工作的总称。主要是通过促进葡萄成熟，改善葡萄卫生条件，限制葡萄汁液的损耗，从而达到提高葡萄品质的目的。以下是葡萄未成熟时期进行的一些劳作。

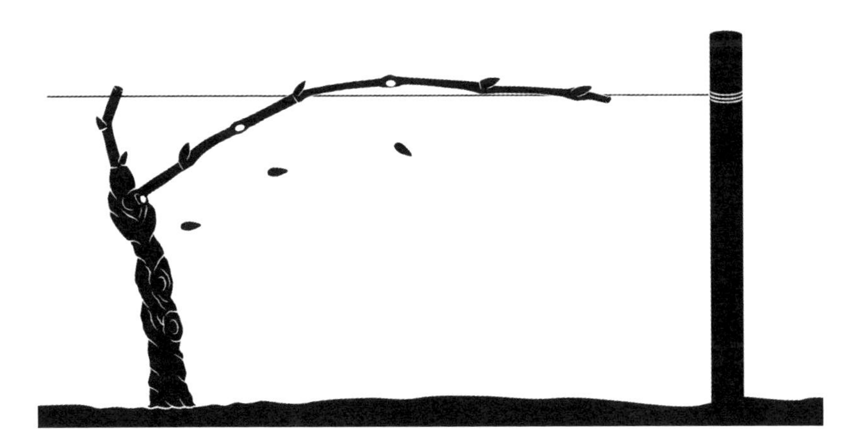

除赘芽及修枝叶

葡萄发芽后，一般要去除不必要的枝蔓以便结果枝蔓获取足够的养分。这些工作不能过早进行，因为葡萄种植者从未躲过如冰冻、冰雹等天气灾害的发生。

除赘芽就是去除剪枝过程中所保留下来的枝蔓上的部分芽叶和发芽时期过后又抽出的新芽。

修枝叶就是去除所谓的“徒长枝”，也就是老树和砧木上生长的枝蔓。

显而易见，
未成熟时期葡萄树管理对促进葡萄成熟起着至关重要的作用。

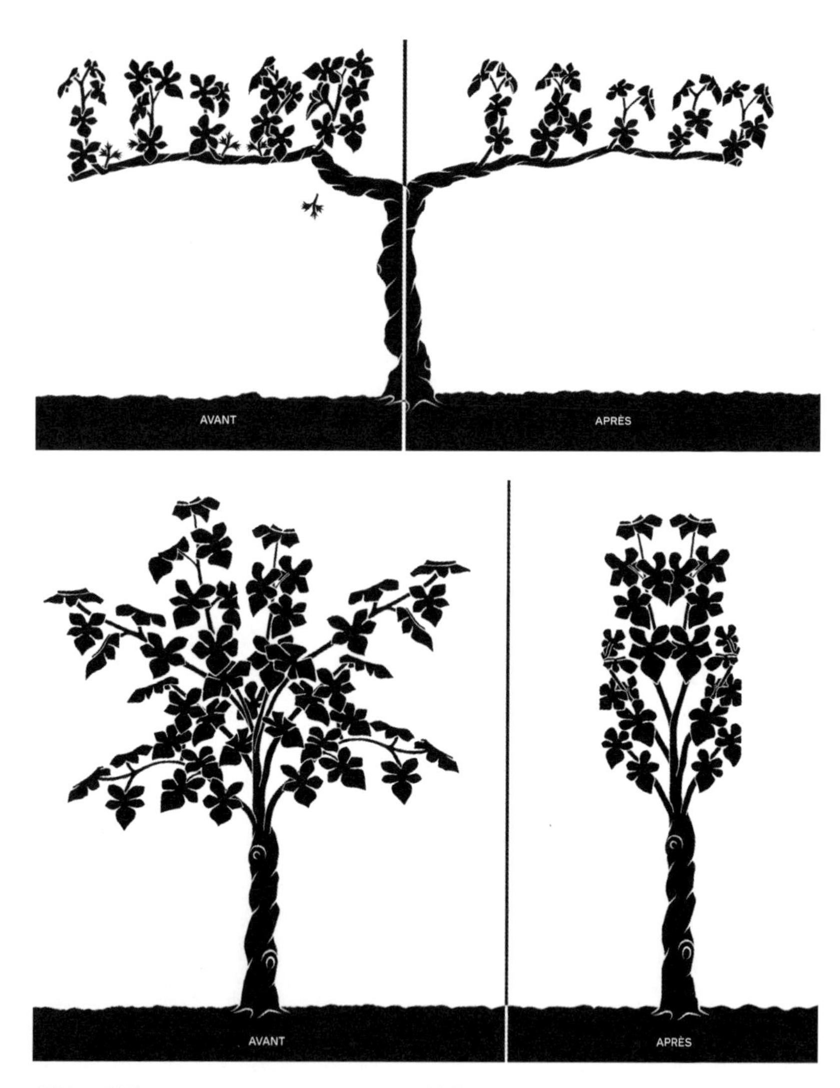

切边、截头

一旦葡萄树被固定在绑缚面上，它的生长就会不大有规律。葡萄种植者因此就要剪除部分枝蔓以保持理想树叶面积。

扶直

在葡萄树生长时期，葡萄树快速长大。为了控制葡萄树的形状，葡萄种植者会把枝蔓控制在绑缚面上。这么做是为了将葡萄树“塑造”成列(梅多克地区方言，指葡萄行列)，便于机器穿梭其中。

疏剪树叶

为了促进葡萄成熟和改善葡萄卫生状况，和葡萄串同一水平线的树叶都要被去除。疏剪这些障碍，葡萄串可以更充分地吸收阳光，也更容易成熟。这个葡萄园管理技巧还有另外一个不可小觑的作用：有利于葡萄串通风，使葡萄串免受病害侵袭感染。

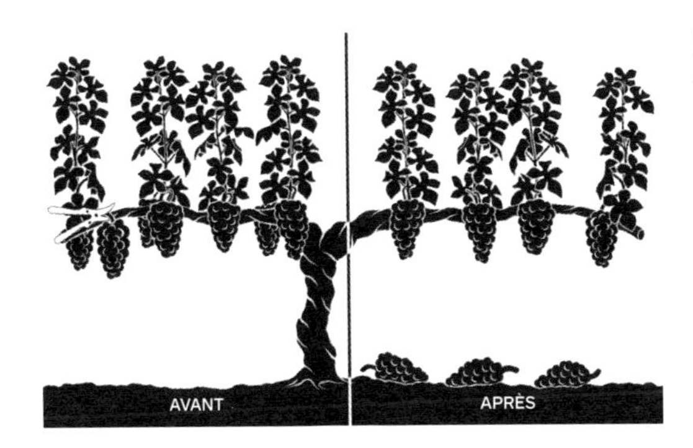

疏果、未成熟果实的采摘

以上几种技艺，准确来说，都是为了提高葡萄和葡萄酒品质。由于葡萄植株养分有限，且葡萄产量需要保持与产区水平一致，导致一些年份里，葡萄种植者必须放弃部分收成。这种在从前不敢想象的技艺有助于集中养分供给剩余的葡萄串，从而提高葡萄的酒精度和香气。这种技艺还可以降低葡萄产量。疏果（也称作“未成熟时期采摘”或“未成熟采摘”）是一项重要且有难度的工作；去除芽叶、枝蔓和葡萄串则非常简单，不过，筛选保留高品质的葡萄需要丰富的经验和知识。也有部分葡萄种植者不进行疏果，或只在多产的年份才进行疏果。

葡萄收获时节

对于葡萄种植者来说，葡萄收获时期是一个关键时期，因为这是一整年劳作的收官之战。大自然创造了葡萄，但是人类用智慧选择最高品质的葡萄并最终将其酿制成葡萄酒。这个过程从人们决定采摘葡萄的日期开始。决定采摘日期非常难，因为若要酿制高品质的葡萄酒，采摘时，葡萄必须保持完好且达到完美成熟度。

如果葡萄采摘过早，未熟透的葡萄表现为甜度不足，酸度过高，其产出的葡萄酒也会干瘦酸涩。相反，如果葡萄采摘过晚，葡萄的过度成熟则表现为香气减少，酸度不足，甜度过高。因而其产出的葡萄酒香气不足，有时会带有“熟透的气息”或者“果酱”的气息，品尝起来，沉重柔软，酒精度与层次感失衡。

为了预测不同葡萄品种的最佳采摘日期，从 8 月底开始，葡萄种植者就必须追踪了解每种葡萄的成熟度。每个星期一到两次，从每一小块地选取葡萄串或者葡萄浆果，将其榨成汁，再通过分析，测定其糖度及酸度，因为成熟葡萄的这两个指标会恰好达到平衡。近年来，人们还通过检测葡萄成分中的酚类物质成熟度来精准确定采摘日期。但是这些分析方法并非完美，在任何情况下，它们都无法取代人类的味觉。在所有的葡萄园中，定期品尝葡萄都是必不可少的环节，人们以此来确保葡萄已经完全达到最佳成熟度。

每年，吉伦特省葡萄成熟度技术核查委员会都会录入被检测过的小块葡萄地上的分析数据，以便在不同葡萄品种成熟状况的基础上设法确立一个最佳的采摘日期。只有不同葡萄品种的最低含糖量都符合该法定产区所规定的含糖量标准，才可以进行葡萄采摘。每个葡萄种植者要靠自己或实验室人员来检测葡萄成熟度，并根据其所属产区的技术规范要求，选定一个合适的葡萄采摘日期。当然，监管机构可能会突击检查，以确保葡萄种植者遵守葡萄成熟的相关规定。在上述采摘日期的基础上，每个葡萄种植者还会结合天气预报及分析，根据自己所种植的葡萄品种及葡萄园的风土，通过口尝来确定自己葡萄园的采摘日期。

酚类物质成熟度

长期以来，人们只通过葡萄果肉来判断葡萄的成熟度。到了 20 世纪 90 年代末，波尔多葡萄酒各业理事会（CIVB）在波尔多组织开展的一系列研究，让葡萄种植者意识到检查酚类物质的成熟度也同样重要。因为酚类物质成熟度对应的是葡萄皮、葡萄籽和葡萄梗中多酚含量（单宁和花青素）的最佳值。自从人们掌握了这些数据后，所酿制的葡萄酒便越发圆润丰厚、细腻优质。

葡萄酒的 **诞生**

人类接过大自然的接力棒，通过浸渍、发酵、混酿和窖陈，将葡萄转化为葡萄酒，以一种完美的方式诠释了土地。

由波尔多人发明或改善的各种酿造法都是为了开发成熟葡萄的自然品质和特点。无论这门技艺发展到哪一步，它总是服务于土壤和大自然。

从一小块土地到另一小块土地，从一种葡萄到另一种葡萄，成熟葡萄经采摘后便进入酒窖。人们将根据这些葡萄的品种及其所生长的土壤来制定相应的酿制流程。人类依靠预尝和智慧，主导着葡萄酒酿造和窖陈的每个环节。

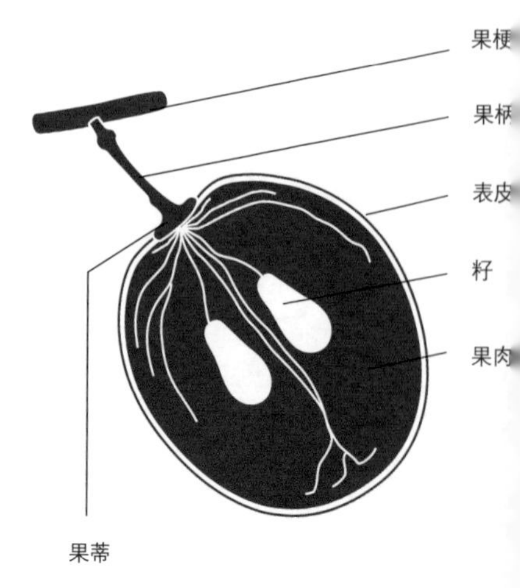

红葡萄酒的酿造

波尔多红葡萄酒的酿制过程从黑色葡萄皮和白色葡萄汁开始。为了加深葡萄酒的颜色（红色）和单宁含量，就必须去除葡萄的表皮并将表皮倒入葡萄汁中“浸渍”。而正是“浸渍”这个步骤决定了红葡萄酒的单宁结构和香气。

破皮和榨汁。将收获的葡萄倒入一个破皮去梗机，以便将葡萄果实和葡萄果梗分离（连接葡萄果实和葡萄枝蔓的梗的总称）。接着，将分拣过的葡萄倒入葡萄榨汁机，在榨汁机里，葡萄被压破裂，但不要压碎，以便葡萄汁流出。然而，并不是所有葡萄种植者都会采用压榨这一步。一些葡萄种植者更倾向于将未压榨的葡萄浆果直接装桶，以最大化保持葡萄的完整性。将葡萄汁、葡萄皮和葡萄籽，或是未压榨的葡萄，一起倒入酿酒桶内，随后，在多数情况下，要经过简单的二氧化硫处理，即添加二氧化硫，以防止葡萄香味成分被氧化和一些不利于葡萄酒发酵的微生物的繁殖。

近年来，在一些酒侯，人们在低温发酵浸渍步骤之前便进行酒精发酵，并用干冰控制温度。这个流程有助于部分葡萄成分选择性地扩散，比如色素和香气。

葡萄酒工艺学顾问的贡献

波尔多葡萄酒侯经常会请教葡萄酒工艺学顾问，通常会长期合作。然而，大众对葡萄酒工艺学顾问的贡献并不了解。人们甚至指责（一些传媒以夸张讽刺的话语指责）他们总是拿着老一套工艺来“制作”葡萄酒，由此导致葡萄酒口味单一。当然，这样草率的结论经不起一丁点的推敲，例如，几个相邻的酒侯共用一个葡萄酒工艺学顾问，但它们所产出的葡萄酒却各具特色。事实上，一直都是风土在起着决定性作用。葡萄酒工艺学顾问的作用只是分析葡萄园的数据，从而得出一个总体性的见解，并在此基础上，建议酒侯团队充分开发利用自身风土的特色。这些顾问热爱葡萄酒，一直为他们所处之地提供服务，并帮助这个地方凸显其独特气质。他们影响着所种植葡萄品种的选择、不同小块土地的采摘日期、发酵过程的管理及酿制过程中物质的提取和窖陈的方式……他们与负责葡萄园和葡萄酒酿造的葡萄园主及酒窖主的合作默契且友好。

浸渍和酒精发酵（初次发酵）。酿酒池有木质的、不锈钢的以及加涂层的或去过味的混凝土的。酿酒池的形状多样，如近来获得一定成功的卵形混凝土酿酒罐，以及再次受到人们青睐的木质酿酒桶和混凝土酿酒缸。现在，大部分酿酒池都配有一个内置的或外置的温度调节器，以便在酒精发酵过程中控制温度。

发酵前浸渍（需要在低温条件下）与酒精发酵同步进行，不同品种的葡萄要分开进行发酵，一个酿酒池只装一个品种且最好是同块土地上的葡萄的未发酵葡萄汁。此时，混合酿造还没有进行。未发酵葡萄汁（新鲜葡萄汁）和葡萄皮混在一起（葡萄皮和葡萄籽合称“葡萄榨渣”）浸渍21天或更长时间，主要看你要酿造什么类型的葡萄酒。发酵前浸渍和发酵等工序旨在将葡萄皮中的色素和单宁物质浸出并溶解到葡萄汁中。

入酵池几天后，未发酵葡萄汁在葡萄酵母菌的自然作用下开始发酵。酒精发酵开始时温度在16℃~18℃，随后可达到28℃~30℃摄氏度左右（必要时可以用温度调节器进行调节），这个过程平均持续18天。酒精发酵将葡萄中所含的糖分转化为酒精，并释放出二氧化碳和热量。

在这个过程中，葡萄榨渣（葡萄皮和葡萄籽）集聚在酿酒池的顶部，这一片榨渣被称为“帽子”。为了提取这所谓“帽子”的残留物中的葡萄成分，也为了防止它裸露在葡萄汁之外造成有害菌滋生，需要采取一定的工艺进行压帽，以使之浸泡在葡萄汁中：其一是上流工艺，就是用泵将酿酒池下部的葡萄汁抽上去，再从顶部浇到榨渣“帽子”上流回来；其二是分离工艺，就是通过重力作用使酿酒池排空，葡萄汁与榨渣分离，榨渣沉淀到酿酒池底部，榨渣因自身重量而受到挤压。接着，将葡萄汁从顶部重新倒入原来的酿酒桶内，以便于榨渣得到充分浸泡。传统的研磨法工艺是前面两个工艺的原型，即葡萄酒酿造师傅通过一根杵，将开盖的酿酒池内可触及的榨渣压碎并使其浸没到汁液中。初次发酵之后紧接着就是发酵后浸渍，整个过程要控制

好温度，以使葡萄酒的单宁结构达到最优状态。

放酒和压榨。将发酵过的葡萄汁和榨渣分开，并将其倒入另一个酿酒池内，这就是所谓的“流出酒”。接下来，对榨渣进行压榨，但不要过度，以提取出其中剩余的葡萄酒，这就是“压榨酒”。在这个流程中，人们通常使用风力或水力压榨机。在混酿的时候，可以根据想要酿制的葡萄酒的类型，将单宁含量更高、颜色更深的压榨酒以不同比例混合到流出酒中。

二次发酵。二次发酵也就是乳酸发酵，在酒精发酵之后进行。二次发酵在细菌的作用下将苹果酸转化成乳酸并释放出二氧化碳，这可以降低葡萄酒的酸度，有助于葡萄酒酿造的顺利完成。二次发酵可以在酿酒池或大木桶内进行。这时，混合酿造仍然尚未进行，流出酒和压榨酒分开进行乳酸发酵。

滗清。葡萄酒的两次发酵都结束之后，就要进行滗清。将葡萄酒与酿酒池或大木桶底部沉淀的残渣（死去的酵母菌）进行分离。在滗清过程中，对葡萄酒进行轻微的二氧化硫处理，以使葡萄酒更加稳定，防止葡萄酒被氧化，避免葡萄酒受到微生物的侵袭而变质。在滗清这个阶段，要使用不同的酒桶。

窖陈。葡萄酒是有生命的。在窖陈过程中，葡萄酒不仅得到澄清，在酒桶内，经过各种生化反应，葡萄酒还得到一定程度的成熟。在波尔多，红葡萄酒的窖陈在酿酒桶或者在橡木桶内进行，持续 12~18 个月。在这个过

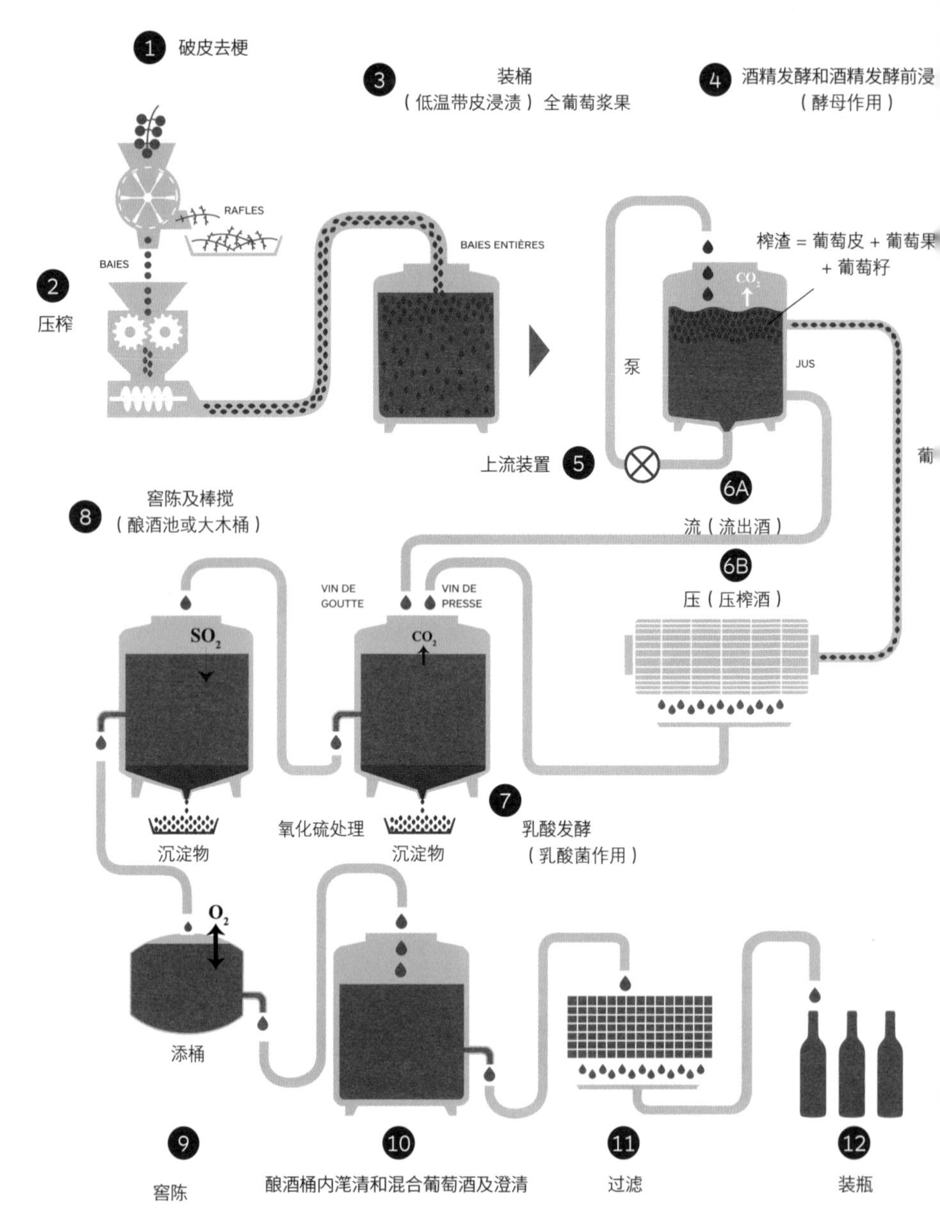
1 破皮去梗
3 装桶
（低温带皮浸渍）全葡萄浆果
4 酒精发酵和酒精发酵前浸
（酵母作用）
RAFLES
BAIES
BAIES ENTIÈRES
榨渣 = 葡萄皮 + 葡萄果
+ 葡萄籽
CO_2
2
压榨
泵
JUS
葡
上流装置 5
6A
流（流出酒）
6B
压（压榨酒）
8 窖陈及棒搅
（酿酒池或大木桶）
VIN DE
GOUTTE
VIN DE
PRESSE
SO_2
CO_2
7
氧化硫处理
沉淀物
沉淀物
乳酸发酵
（乳酸菌作用）
O_2
添桶
9
10
11
12
窖陈
酿酒桶内澄清和混合葡萄酒及澄清
过滤
装瓶
（通过木桶，葡萄汁物各种成分间的反应
以及各成分与木桶间的反应）

程中，随着大气压和温度的不同，葡萄酒体积会膨胀或者收缩，并会在容器的顶部形成风囊，这有可能导致葡萄酒变质。为了避免这个危害，必须间或往容器中加点葡萄酒，以保证容器一直处于盈满状态，这就是人们所说的“添桶”。在冬季，葡萄酒经自然沉淀加以澄清。随后，人们使用蛋白凝结过滤法，来促进葡萄酒中剩余悬浮微粒的沉淀。在整个窖陈过程中，在通风或不通风条件下，必须进行两到四次彻底的滗清，以通过接触少量氧气促进葡萄酒成熟，并去除多余的沉淀物。

这些流程结束后，便可以进行最终的葡萄酒混合了。

重力发酵的优点

在波尔多使用越发广泛，也越发受青睐的各种方法，其原理毫无例外都是基于“重力发酵”这个有点晦涩难懂的词。其主要目的在于避免成熟葡萄受到研磨，使其免遭破坏，不管压榨与否，在装桶前都尽可能地减少人为操作。为了达到这些目的，人们利用自然重力，让葡萄在自身重量的作用下运动，这种做法充分尊重了水果的自然属性。事实上，在 19 世纪末，波尔多地区已经开始大量运用重力酿酒池了。这个时期金属建筑学的发展使得建造精致、灵活、坚实的有利于重力发酵的发酵结构成为可能。重力发酵的要点很简单：首先在地面上或者台阶上进行葡萄的采摘、破皮、分拣、压榨等工作，接着，通过从地表挖开的口子，让葡萄直接进入位置较低的酿酒池中。在波亚克产区的彭特－卡耐酒庄、靓次佰酒庄以及玛歌产区的狄士美酒庄和马利哥酒庄，人们可以都可以看到一些 19 世纪极为经典的重力酿酒池。

这个优良传统从未被遗忘，现代所有的酿酒池都与这种重力发酵法一脉相承。前卫的建筑师也在运用这个方法，比如，在上梅多克地区的朗丽湖酒庄，人们可以看到一些可转向的金属长臂根据需要将葡萄传送到开启着的大不锈钢酿酒桶内；或者是在爱士图尔酒庄（圣艾斯泰夫），在这里看不到一个泵，酒桶在超现代化的不锈钢酒窖内升降，全程利用重力。精益求精却旨在尽可能减少技术对原料的干预——这是技术上的一对矛盾——以保存风土气息。

葡萄酒是有生命的，在窖陈阶段，
澄清中的葡萄酒开始有了几分成熟。

干白葡萄酒的酿造

在波尔多，所有的干白葡萄酒都是由白葡萄酿制而成。干白葡萄酒的酿造过程与红葡萄酒相反之处是：人们不希望提取葡萄的颜色和单宁成分，因此要避免浸渍环节；而与红葡萄酒一致之处是：人类依靠预尝和智慧，主导着葡萄酒酿造和窖陈的每个环节。

破皮去梗、压榨。大部分情况下，白葡萄一经装桶就要进行破皮去梗处理，然后立即榨汁使葡萄汁流出，并将其与葡萄皮分离以避免受到浸渍。接下来对未发酵的葡萄汁进行迅速的轻微二氧化硫处理，以延迟发酵的开始并减少氧化。在某些情况下，低温葡萄皮浸渍（发酵前浸渍）被视为传统葡萄酒酿造法的一种变体。榨汁前，在低温条件下，通过这种方法可以在酿酒桶中最大化萃取葡萄皮中所含的原始香气成分。

逐块酿制

圣・于连・龙舟镇的班尼酒庄的庄主帕特里克・马罗多（Patrick Maroteaux）说："理想的酿酒应该是按地块逐块进行的。"他提及近年来葡萄酒工艺学的成就之一：现今，人们摒弃把各小块土地产出的葡萄混合倒入大酿酒池中酿制的方法，而致力于将小份同质葡萄放入较小的酿酒桶内酿制。这种方法可以区分或去除部分收获时未达到理想成熟度的葡萄，从而大大提高葡萄汁香气的纯度。显然，分开酿制大大提升了混酿品质，这样酿出的葡萄酒更加复杂细腻。

澄清。这步流程是为了去除未发酵葡萄汁中的悬浮颗粒，这些颗粒也被称为"渣泥"。通常在低温条件下通过自然滗析进行澄清。在澄清流程的最后进行滗清，以将葡萄汁和其中的沉淀物及渣泥分离，并使它们沉淀到酿酒桶底部。

酒精发酵。用去除葡萄皮和所有微粒子的清冽葡萄汁进行发酵，温度比酿造红葡萄酒所需温度更低（16℃～18℃），平均持续12～15天。酿制红葡萄酒必不可少的乳酸发酵在酿造白葡萄酒过程中却可有可无，因为，乳酸发酵有可能会大大降低葡萄酒的酸度。事实上，酒精发酵在酿制葡萄酒过程中作用的大小取决于葡萄品种，特别是取决于高品质葡萄酒的类型。

滗清、二氧化硫处理。发酵过程一结束，就要通过滗清及二氧化硫处

少加点硫！

对于如今的葡萄种植者来说，在酿造葡萄酒过程中减少硫的使用不啻是一种挑战。不管这种物质作用有多大。现在人们都知道限制二氧化硫的使用，有助于凸显葡萄酒中的天然果味。很多葡萄园主都不同程度地表达了他们对天然果味的兴趣，也有越来越多的消费者对此表示关注。40多年来，全球二氧化硫的使用减少了30%到60%。

白葡萄酒使用清冽的葡萄汁进行酒精发酵，平均持续12～15天。

干白葡萄酒的酿造

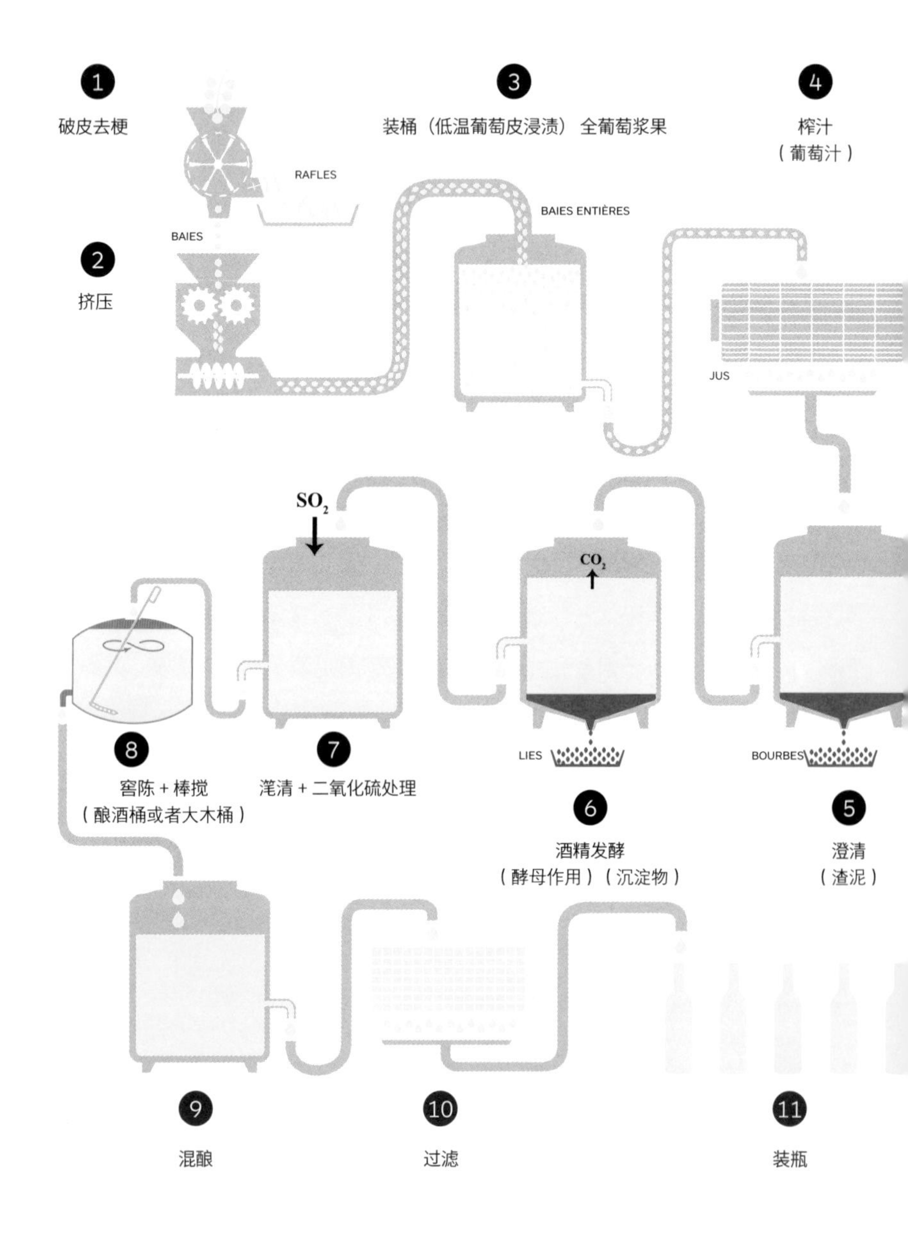
1
破皮去梗
RAFLES
BAIES
2
挤压
3
装桶（低温葡萄皮浸渍）全葡萄浆果
BAIES ENTIÈRES
4
榨汁
（葡萄汁）
JUS
SO2
CO2
8
窖陈 + 棒搅
（酿酒桶或者大木桶）
7
浑清 + 二氧化硫处理
LIES
6
酒精发酵
（酵母作用）（沉淀物）
BOURBES
5
澄清
（渣泥）
9
混酿
10
过滤
11
装瓶

理以将葡萄酒和较大沉淀物分离。再通过低温处理及过滤处理，将细小的沉淀物除去。当然，若想利用窖陈来析出沉淀物，则不需要去除细小沉淀物。

窖陈。初酿的酒都要进行加工然后方可进行混酿、装瓶及销售。窖陈就是为了使葡萄酒澄清、稳定，初酿葡萄酒的不足之处由此得到一定程度的弥补，葡萄酒品质得到提升。和红葡萄酒的窖陈一样，窖陈可以在酿酒桶或者橡木桶内进行。

混酿。和红葡萄酒一样，将一个葡萄园或几个葡萄园产的葡萄酒加以混合酿制，以平衡产自不同风土、采摘于不同日期不同品种的葡萄的特点。混酿之后通常要对葡萄酒进行过滤处理，紧接着装瓶。

甜白葡萄酒的酿造（微甜葡萄酒和甜葡萄酒）

微甜白葡萄酒和甜白葡萄酒是由受贵腐菌感染而导致干缩、糖分集中的葡萄酿造而成的。发酵后每升干白葡萄酒的含糖量不足 4 克，与干白葡萄酒不同的是，微甜白葡萄酒和甜白葡萄酒特点就是（未发酵的）残糖含量丰富，且酒精度高。其每升含糖量大于或等于 4 克，高酒精度与丰富的残糖形成了平衡。微甜白葡萄酒每升的残余含糖量在 4 ~ 45 克，而甜白葡萄酒每升的含糖量必须高于 45 克。

收获的葡萄（未破皮去梗）一进入酒窖，便要对其迅速进行挤压和榨汁处理。榨汁过程艰难缓慢，因为高度浓缩的葡萄汁很难流出。在澄清过后，葡萄汁开始缓慢发酵。为了使甜葡萄酒的酒精产物和未发酵糖分达到完美平衡，通常要在自然的酒精发酵过程结束之前人为中止发酵。葡萄酒开始进行滗清，冷却，再进行二氧化硫处理。接下来便进入窖陈阶段，显然，微甜葡萄酒和甜葡萄酒的窖陈时间要比红葡萄酒和干白葡萄酒的窖陈时间更久（甜葡萄酒通常需要两年）。

粉红葡萄酒、淡红葡萄酒的酿造

和一些人想象的不一样，粉红葡萄酒并不是由红葡萄酒和白葡萄酒混合而成，它实际上是由黑葡萄皮和白葡萄汁构成的未发酵葡萄汁经过特殊方式处理而成。波尔多存在两种粉红葡萄酒。

波尔多粉红葡萄酒：葡萄汁的提取可以通过榨汁法，也可以使用更加传统的酿酒桶放血法。后者是将经过破皮去梗、挤压处理过后的葡萄倒入酿酒桶，步骤和酿制红葡萄酒一样；短暂的浸渍过后（近12小时），人们对酿酒桶“放血”，即让一定体积的葡萄汁流出来，一般是酿酒桶体积的15%～25%。在16℃～18℃的温度条件下，将这种浅粉红、富含单宁物质的葡萄汁进行发酵，通常要避免进行乳酸发酵以保证葡萄酒的新鲜。

波尔多淡红葡萄酒：淡红葡萄酒是波尔多一个古老而传统的特产，它介于粉红葡萄酒和红葡萄酒之间，浸渍时间比粉红葡萄酒长（24～36小时），浸渍处理过后通过放血法提取葡萄汁。将颜色深、富含单宁物质的葡萄汁在18℃～20℃温度条件下进行发酵。通常很少进行乳酸发酵以保持葡萄酒的柔顺丰沛。

起泡葡萄酒的酿造

起泡葡萄酒就是带有气泡的葡萄酒，有起泡白葡萄酒和起泡粉红葡萄酒，是根据法国起泡葡萄酒技艺方法酿制而成的。葡萄达到完美成熟度时，

粉红葡萄酒的酿造——榨汁法

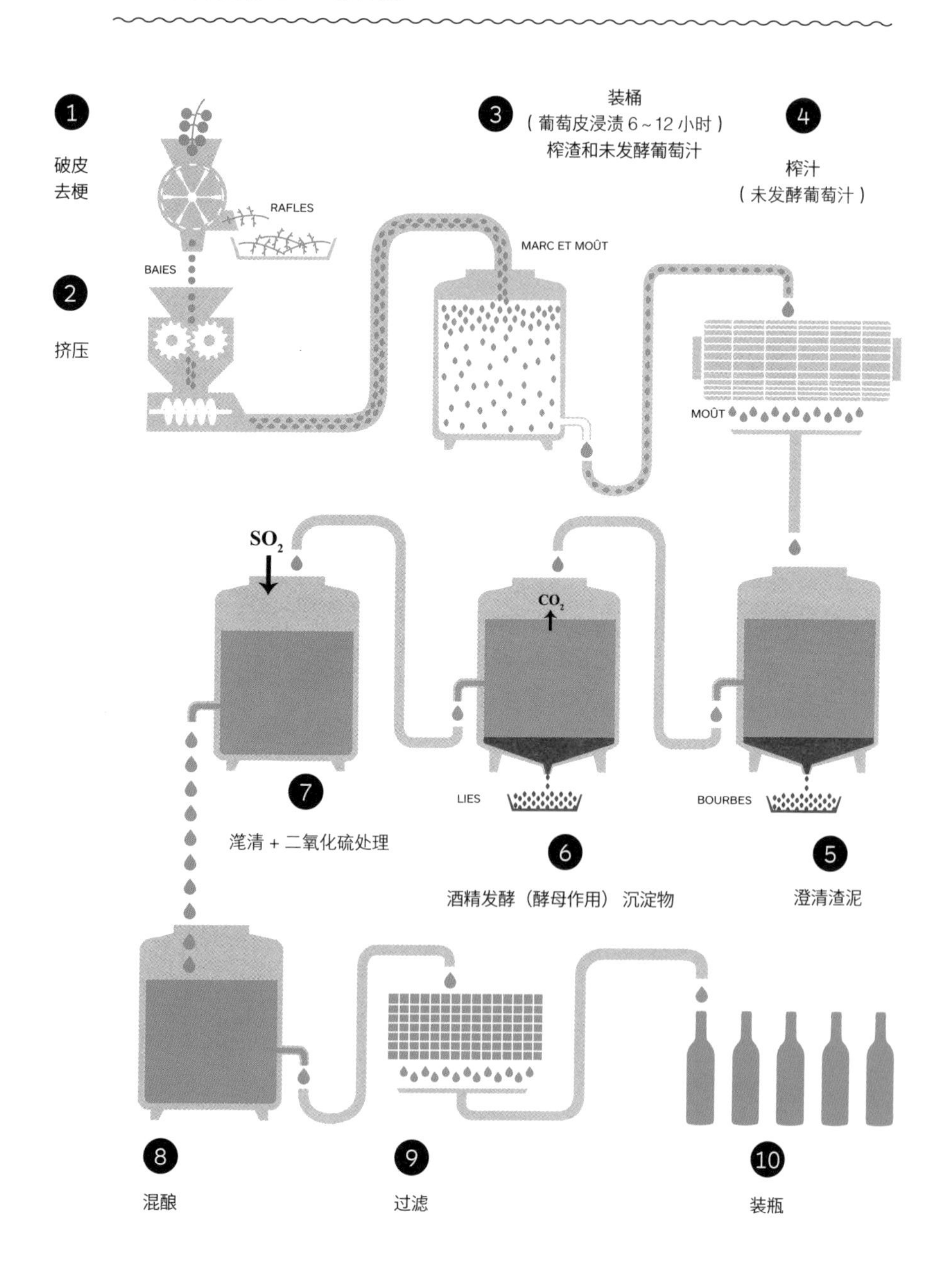

经人工采摘后，盛放在便于葡萄汁流淌的开放容器中，接着，将完整的葡萄倒入榨汁机中，无须进行挤压和破皮去梗处理。

用来酿制波尔多起泡葡萄酒的葡萄原酒是一种静态葡萄酒，即无气泡，将其在酿酒桶中进行酒精发酵，但是无须进行任何乳酸发酵处理。在酒精发酵之后，可混合多种葡萄原酒以达到一酿酒桶的量。此时，葡萄酒的单位体积最低酒精度达 10%。在采摘年次年 1 月 1 日之后，将葡萄原酒进行装瓶，以便在瓶中产生气泡，灌瓶时要添加甜酒，因为甜酒可为葡萄原酒带来糖分和酵母。上述瓶装酒在低温条件下（10℃ ~12℃）进行瓶内二次发酵，单位体积最低酒精度可达到 11%，瓶内将产生二氧化碳气体并形成高压。

经过至少九个月的培养之后（瓶内有沉淀物），倾斜并轻微摇晃酒瓶，以使瓶内的酵母沉淀物堆积到瓶颈处，通过开瓶疏通将其去除。一旦去渣处理完成，需快速在葡萄酒中添加甜酒，甜酒的含糖量要根据所希望酿成的葡萄酒类型来确定，如超干型、干型、次干型、半干型、甜型。

波尔多淡红葡萄酒的历史悠久，介于粉红葡萄酒和红葡萄酒之间。

粉红葡萄酒的酿造——“放血”法

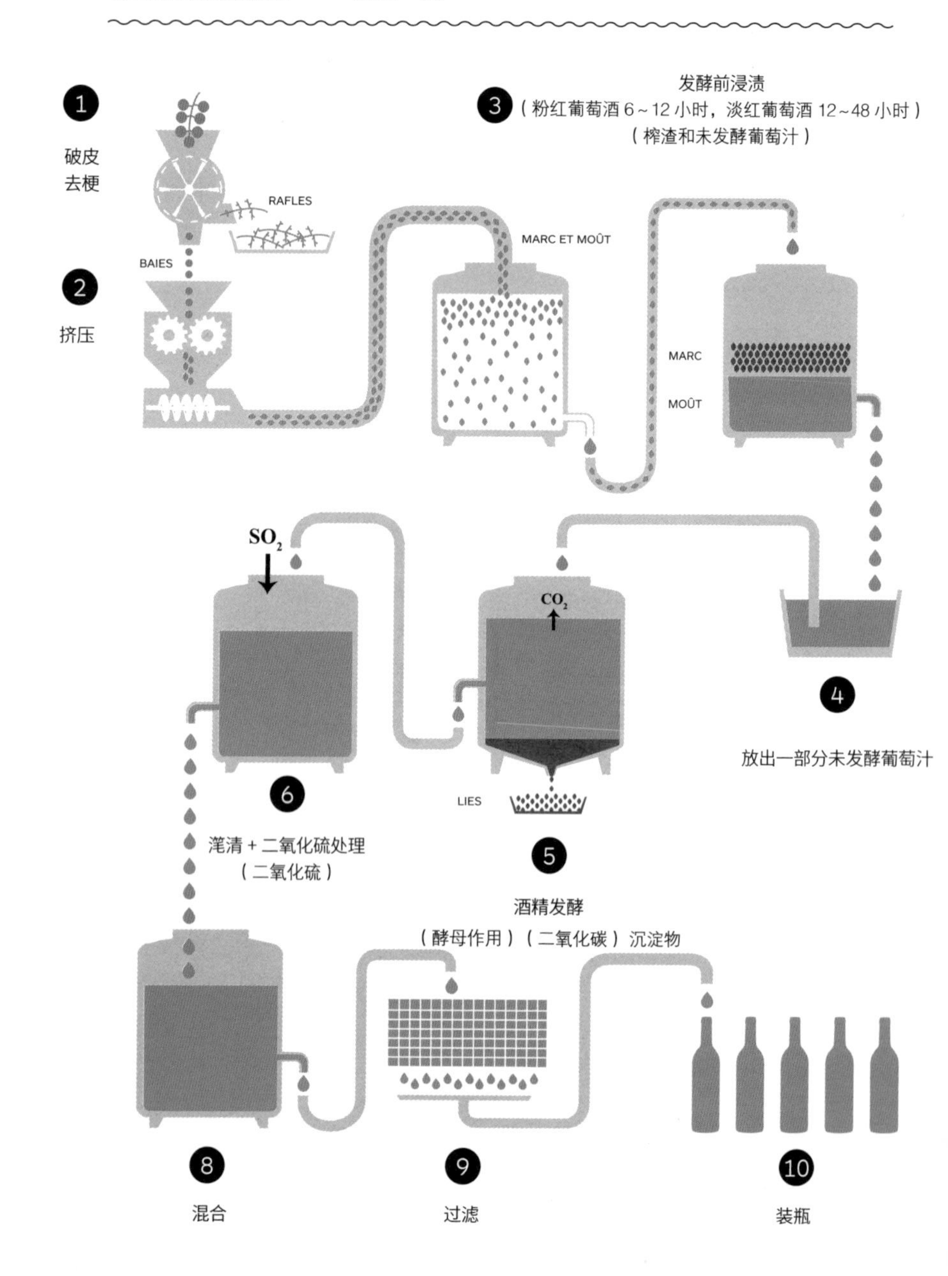

酒窖：古老方法和尖端技术的统一

近年来，波尔多葡萄种植者在发展酒窖和葡萄园等方面取得了骄人的进步。革新通常由大酒侯提出，因为它们一直不放过各种改善葡萄酒品质的机会，这些新方法没有其他目的，只为了改善葡萄品质和改良葡萄园的风土。

葡萄分拣

葡萄分拣这一环节在进入酒窖之前进行。很多庄园主会在葡萄园入口的已采摘葡萄堆放处安置一张葡萄分拣桌。分拣桌通常使用传送带或者振动带，将采摘的葡萄摊放在这样的装置上以便去除树叶、细枝，尤其是去除那些受损葡萄和未成熟葡萄，这样就可以筛选出最优质的葡萄来酿造葡萄酒。尽管这个步骤必须使用大量高素质的劳动力，从而产生一笔不菲的费用，大大增加成本，但每个人都清楚品质是无价的。甚而连信奉不干涉大自然这一理念的葡萄种植者也越来越重视分拣环节。分拣工作在葡萄的破皮去梗处理之后、装桶之前进行。如今，更是出现了为人耳熟能详的诸多葡萄分拣新方法（如光学分拣法、浸泡密度测定分拣法等）。

最先进的浸渍法

低温葡萄皮浸渍法运用于白葡萄酒酿制的第一次成功浸渍正是在波尔多实现的。这种方法促进了原始香气（存在于葡萄皮的香气物质，因在酒精发酵后给葡萄酒增添香气而引人注意）转移到葡萄汁中，给葡萄汁增添了尤为沁人心脾的芳香。在红葡萄酒的酿造过程中，同样也可以运用这种方法：低温发酵前浸渍。（请见本书124页）

不锈钢酿酒桶、木质酿酒桶还是混凝土酿酒桶？

酿酒容器有着多种类型，其主导类型也因时而变。20世纪70年代，酒窖内大量使用不锈钢酿酒桶，因为它可以有效改善卫生条件。到20世纪90年代，人们在酿制红葡萄酒过程中再次使用木质酿酒桶——通常呈圆锥台形——其优点在于从酿酒活动伊始，葡萄酒和橡木这二者间的香气物质和单宁物质的交换便一刻不停。关于这点，有心人会注意到，很多白葡萄酒的发酵便是在大木桶内进行的。其实应该指出的是，在“前不锈钢”时代，木质酿酒桶曾非常盛行且经久不衰。近年来，混凝土酿酒桶的作用重新得到了重视。事实上，在一些最负盛名的酒庄里，混凝土酿酒桶一直都发挥着其优质、可靠的作用。混凝土之所以引人注目，因其属于惰性物质，不会影响葡萄酒的味道，且便于更好地控制温度。现今，锥形甚至椭圆形酿酒槽取代了传统

混酿技艺

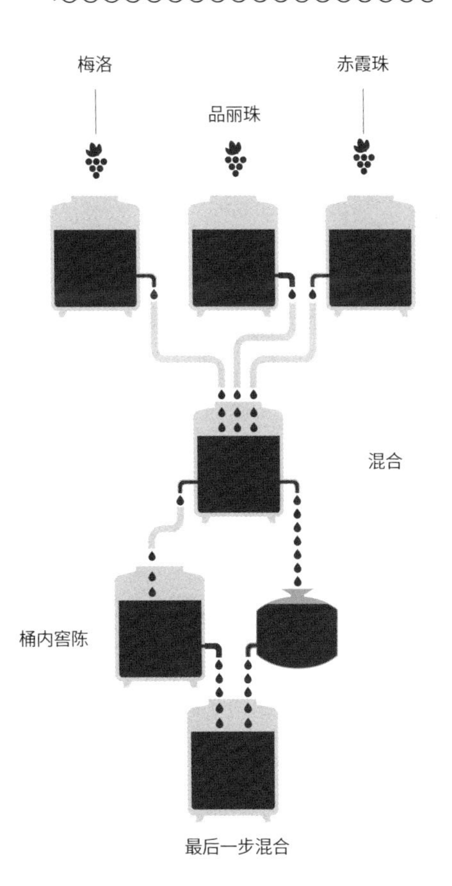

不同品种葡萄的特色

以下对主要配比和次要配比葡萄品种在波尔多混酿葡萄酒中的作用略做介绍。本书第四章第 166 页的旁解将进一步介绍各个葡萄品种的特色。

红葡萄品种

赤霞珠：晚熟品种、富含单宁物质、未陈年葡萄酒芳香馥郁，带有黑色水果气息、经久耐藏。

梅洛：早熟品种、酒精含量高、柔滑饱满、香气十足。

品丽珠：酒精含量高、单宁细致、富有香气（红色水果）。

味而多：香气丰富、充盈丰沛，富含色素物质和单宁物质。一些人称其为“混酿助推器”。与马尔贝克、佳美娜及其他波尔多地区用到的辅助品种葡萄齐名，味而多被称为“染匠葡萄”，因为它可加深色彩。

白葡萄品种

赛美翁：金色、油腻、香气细致（洋槐花、椴花、成熟的梨子、新鲜的杏仁、榛子）。这是酿造甜葡萄酒最常用的葡萄品种。

苏维浓：颜色淡、酒精含量高、酸度适中、香气丰富（蝶形花、黑茶藨子树嫩芽、水仙、茉莉、柠檬和柚子等橘类水果、烟熏气息）。给甜葡萄酒增添必不可少的酸性结构。是酿造干白葡萄酒的经典品种。

密斯卡岱：香气足，有麝香味，圆润饱满，微酸。

白玉霓：增添新鲜感和酸度。

立方体酿酒槽，因为人们认为这种形状可以重现古代双耳尖底瓮的自然条件：未发酵葡萄汁可以在里面进行缓慢旋转，因此葡萄酒中的颗粒可以维持悬浮状态，以使葡萄酒更加丰厚柔滑。

窖陈秘诀

多年来，在波尔多，人们特别喜欢用木棍搅拌白葡萄酒（尤其是在大木桶中窖陈的白葡萄酒）里面的沉淀物，这种方法旨在通过经常搅动使葡萄酒和其沉淀物保持充分接触。用木棍对其进行搅拌可以增加葡萄汁的稠腻感并保持其香气。现在，这个方法还经常用于红葡萄酒的酿制。

为了更好地理解窖陈过程中葡萄汁和木桶的相互作用（有名的波尔多大木桶与所盛放的葡萄酒之间的相互作用），人们付出了巨大努力。法国国家农业研究院（INRA）和一些酒侯的研究或经验证实，对于无须陈年的葡萄酒，将酒浆尽早倒入酒桶进行乳酸发酵好处多多。窖陈过程中，影响葡萄酒与木桶之间香气交换的因素很多，“加热”是其中一种，即轻微地烘烤木

桶的橡木板内侧。葡萄酒酿造者根据烘烤程度的不同来精心挑选窖陈木桶，以便产生某些芳草香味，对于干白葡萄酒而言，这样做则有利于凸显其香草、榛子香气，甚至是烘烤气息。

混酿详解

混酿是葡萄酒酿造的关键环节。这一环节决定了葡萄酒的类型、葡萄酒品质的稳定性、葡萄酒的高雅和平衡。它也是波尔多人尤其擅长的一个环节。事实上，正是得益于吉伦特省丰富多样的葡萄品种，波尔多的混酿艺术

装瓶

装瓶是酿造葡萄酒的最后一步，它和前面的工艺步骤一样保证了最终产出的葡萄酒的品质。为保证葡萄酒丰富的特色，装瓶环节一般要在常温环境下进行（16℃~18℃），同时要有合适的容器及瓶塞以更好地保存葡萄酒。装瓶环节既可在酒庄附属的作坊中进行，也可由穿梭于各个酒庄间的流动灌装车完成，装瓶完成后，葡萄酒或进入销售网络或被送入酒窖以陈年。葡萄酒将在这些地方继续其漫长的成熟之路。

才得以确立并日臻完善。

葡萄品种的选择取决于所酿葡萄酒的类型（干白葡萄酒以苏维浓为主，甜白葡萄酒以赛美翁为主，红葡萄酒以产自右岸黏质－钙质土壤的梅洛和产自左岸保温性能高的砾质土壤的赤霞珠为主）。

在发酵过程中，每个酿酒桶中的每种葡萄都诠释了一方风土的特色。在窖陈过程中，大木桶以便于分辨每种葡萄汁的来源及其产出的小块土地的排列方式。产自不同小块土地的不同品种葡萄将按照特定的量进行混合，若是红葡萄酒，还要加入一定比例、强劲且富有单宁的压榨酒以保持其香气的层次感。每年，葡萄酒都要被分开进行品尝，以决定混合比例，随后再进行混酿，以使不同品种葡萄和产自不同风土的葡萄之间得到最大化互补。

这样混酿而成的葡萄酒，每个年份酒都有它恒定的个性（酒侯的个性、酒庄的个性）。这样的葡萄酒不仅是对当地风土的表达，同样也是对其产区的反映，因为一些产区规定了混酿中的主要配比葡萄品种，而其他葡萄品种作为辅助。比如，在红葡萄酒中，左岸以赤霞珠为主，右岸以梅洛为主，而白葡萄酒则以赛美翁和苏维浓为主。辅助葡萄品种起到调节香气（如白葡萄酒中的密斯卡岱）或加深颜色（红葡萄酒中配比马尔贝克和味而多就是为了这个）的作用，辅助葡萄品种还可以增强葡萄酒的单宁结构、香气以及其储藏潜力。

300
250
200
150
100

时间的艺术：年份酒的概念

有着良好的品质和窖藏潜力的葡萄酒并不意味着是一款成功的年份酒。只要饮用的时机合适，每个年份都会有优质的葡萄酒。

除了已经提及的因素外，葡萄酒的品质还取决于自然环境和气候条件。这就是每个年份产出的葡萄酒都不完全相似的原因。

获得品质绝佳的红葡萄酒的年份，要满足以下几个决定性因素：花期迅速且有规律；8月一开始，葡萄开始成熟的时节，一定程度地缺水以限制葡萄果浆的体积；温度适中，少雨，以保证葡萄的完全成熟，成熟季末白天阳光充足，晚上凉爽。对于甜葡萄酒而言，在葡萄从成熟走向最佳超成熟的时期，随着贵腐菌逐渐侵入，则需要有明显的温差（夜晚凉爽潮湿，白天阳光充足且高温）。所有种类葡萄酒的成功都需要这几个条件：葡萄成熟循序渐进，没有落花落果现象（由于授粉不足），也没有部分果实僵化现象（同一葡萄串上的浆果大小不一）。近年来，由于人们在葡萄种植和葡萄酒酿造工艺领域，无论是知识层面还是技术层面上，都取得了巨大进步，葡萄酒品质总体而言得到了提高。当然，每一对风土和葡萄品种的组合在气候条件下的反应都不尽相同，且每个葡萄种植者都有自己的秘诀。

近几年年份酒的总体特征如下。

2013 年：产量低的一年

干白葡萄酒：香气迷人，新鲜复杂，品质高。

红葡萄酒：饱满，富有水果气息，结构精致，现在可饮。

甜葡萄酒：因为均质贵腐菌的出现，是个非常好的年份。醇正精练，香气复杂。

2012 年：葡萄酒酿造者的年份

干白葡萄酒：总体来说，非常成功。酒体强劲，芳香馥郁，适合贮藏。

红葡萄酒：同样相当成功。平衡和谐，适合贮藏。

甜葡萄酒：相当成功。平衡饱满，带有烧烤气息。

2011 年：好年份，干燥且早熟

干白葡萄酒：果香浓郁，细腻强劲。近几年可饮。

红葡萄酒：同样相当成功。丰富协调，需等待。

甜葡萄酒：又是一个好年份。复杂丰富，宽大饱满。

2010 年：非常成功的年份

干白葡萄酒：细腻，高品质，富有果香。近几年可饮。

红葡萄酒：总体成功。层次感强，可久藏。

甜葡萄酒：非常好的年份。丰富平衡，熏烤气息浓厚。

2009 年：超级好年份

干白葡萄酒：品质绝佳，强劲芳香。可饮用也可贮藏。

红葡萄酒：高品质，醇厚，层次感强，可久藏。

甜葡萄酒：非凡卓越的年份。丰富无比，格外细腻，芳香怡人。立即饮用芬芳可口，但同样也值得等待。

2008 年：晚熟的好年份

干白葡萄酒：卓越年份。品质佳，高雅细致，口感丰盈。

红葡萄酒：总体成功。果香芬芳，丰富平衡，可等待。

甜葡萄酒：非常完美成功。丰富精练，馥郁芬芳，可久藏。

2007 年：被初秋晴好天气挽救的好年份

干白葡萄酒：品质绝佳的年份。酒体强劲，芳香迷人。

红葡萄酒：同样相当成功。平衡协调，可饮用，可贮藏。

甜葡萄酒：对于甜葡萄酒来说是个非常成功的年份。丰富复杂，充盈有活力，可饮用，可贮藏。

2006 年：总体质量上乘

干白葡萄酒：品质佳，平衡，细致高雅。

红葡萄酒：好年份。协调，丰富平衡，可饮用，可贮藏。

甜葡萄酒：平衡饱满，富有烧烤气息，需陈年。

2005 年：独一无二的年份

干白葡萄酒：非常精练，强劲可口，有活力，带有热带水果和橘类水果香气。

红葡萄酒：颜色较深，水果香气突出，单宁结构显著，比 2003 年更新鲜。

甜葡萄酒：丰富醇正，有最佳年份甜葡萄酒的烘烤气息，丰富感。

2004 年：质量不一

干白葡萄酒：果香馥郁，花香怡人，高雅细致，入口回味时间长。

红葡萄酒：酒体复杂，果香和强劲感完美结合，适合贮藏。

甜葡萄酒：产自最优越的风土的葡萄酒其香气十足，品质上乘。

2003 年：品质绝佳，“酷热”的年份

干白葡萄酒：总体成功，香气美妙，有热带气息。

红葡萄酒：条件好的风土产出的葡萄酒很成功，这个年份酒因温度高带有独特的煮熟水果味和微酸口感。

甜葡萄酒：香气十足，条件好的风土产出的酒质量上乘，有罕见的丰富感。

2002 年：质量不一

干白葡萄酒：香气浓烈且带有清新的层次感。

红葡萄酒：总体成功，尤其是赤霞珠，丰富，强劲且协调，达到红葡萄酒的最佳水平。

甜葡萄酒：品质一般且良莠不齐，但是早熟葡萄产出的葡萄酒却非常成功。

2001 年：良莠不齐的年份

干白葡萄酒：品质佳，香气清新迷人。

红葡萄酒：品质非常不一。色彩明艳，果香馥郁，单宁结构紧致协调。

甜葡萄酒：是不是本世纪最好的年份酒？观点各异，但是，大自然很少会赐予葡萄种植者如此大礼。

2000 年：独特的年份

干白葡萄酒：总体成功。香气细致充分。

红葡萄酒：色彩明艳，单宁含量高，浓稠怡人，香气清新馥郁。换言之，是个杰出的年份。

甜葡萄酒：产量非常低，品质难以保证。

1999 年：质量不一

干白葡萄酒：迷人的香气充分反映了其产地优质的风土。

红葡萄酒：香气平衡且集中。可现在饮用。

甜葡萄酒：集中度高、香气复杂。

1998 年：品质绝佳

干白葡萄酒：芳香迷人，清新爽口，根据风土不同有不同程度的肥硕感。

红葡萄酒：色彩鲜亮，果香美妙，新鲜，单宁紧致，品质上乘。贮藏能力佳。

甜葡萄酒：香气迷人复杂，入口非常高雅，可聚拢烧烤的气息和柔和美妙的果香。

1997 年：品质上乘

干白葡萄酒：品质不一。

红葡萄酒：色彩明艳，果香美妙，入口有肉质感且协调，有层次感。

甜葡萄酒：香气迷人复杂，口感新鲜，油腻且高雅。

1996 年：品质绝佳

干白葡萄酒：因香气丰富，有活力而脱颖而出。

红葡萄酒：色彩明艳，果香迷人，紧致，层次强。

甜葡萄酒：糖渍香气，口感非常清新，集中度高且细腻。

1995 年：品质绝佳

干白葡萄酒：芳香怡人，根据所产出风土不同，其充盈感不同。

红葡萄酒：色彩明艳，富有果香，单宁含量丰富，口感饱满。

甜葡萄酒：集中度高，品质高。

1994 年：品质上乘

干白葡萄酒：香气丰富，入口平衡感佳。

红葡萄酒：调整品质佳，根据所产出风土不同，风格各异。可现在品尝。

甜葡萄酒：品质不一，有质量上乘者但产量有限。

1993 年：品质上乘

干白葡萄酒：香气馥郁，平衡感佳。

红葡萄酒：色彩明艳，富有果香，平衡且层次感强，有一定活力，可现在品尝。

甜葡萄酒：品质一般且参差不齐。

1992 年：品质一般且不一

干白葡萄酒：香气清新，有活力。

红葡萄酒：品质不一，层次柔软，已达到最佳时期，可现在品尝。

甜葡萄酒：品质不一，第一批分拣产出的葡萄酒品质较好。

1991 年：品质一般且产量非常低

干白葡萄酒：产量非常低，品质参差不齐。

红葡萄酒：品质不一，结构感一般，可现在品尝。

甜葡萄酒：品质不一，第一批分拣产出的葡萄酒品质较好。

1990 年：品质绝佳，产量高

干白葡萄酒：丰富且富有香气，口感油腻持久。

红葡萄酒：颜色深，单宁紧致饱满，非常突出，平衡感强。

甜葡萄酒：香气复杂，带有突出年份的独特烧烤气息，口感丰富，油腻感和新鲜感相结合。这年的甜葡萄酒肯定是神来之笔。

波尔多几大类型葡萄酒的年份酒密码

干白葡萄酒

2012 ▲	2011 ▲	2010 ▲	2009 ▲	2008 ■	2007 ▲	2006 ■
2005 ▲	2004 ■	2003 ▲	2002 ●	2001 ■	2000 ■	1999 ■
1998 ■	1997 ●	1996 ■	1995 ■	1994 ■	1993 ●	1992 ■
1991 ●	1990 ■	1989 ■	1988 ■	1987 ■	1986 ■	1985 ●
1984 ●	1983 ■	1982 ●	1981 ■			

甜白葡萄酒

2012 ■	2011 ▲	2010 ■	2009 ▲	2008 ■	2007 ▲	2006 ■
2005 ▲	2004 ●	2003 ▲	2002 ■	2001 ▲	2000 ■	1999 ●
1998 ■	1997 ▲	1996 ■	1995 ■	1990 ▲	1989 ▲	1988 ▲
1986 ■	1985 ■	1983 ▲	1982 ■	1981 ●	1979 ●	1978 ●
1976 ▲	1975 ▲	1970 ●	1967 ▲	1962 ■	1961 ▲	1959 ▲
1955 ▲	1949 ▲	1947 ▲	1945 ▲	1937 ▲	1929 ▲	1921 ▲

来源：波尔多葡萄酒学院，2013 年版

红葡萄酒

2012 ■	2011 ■	2010 ▲	2009 ▲	2008 ■	2007 ■	2006 ■
2005 ▲	2004 ■	2003 ▲	2002 ■	2001 ■	2000 ▲	1999 ■
1998 ▲	1997 ■	1996 ▲	1995 ▲	1994 ■	1993 ●	1990 ▲
1989 ▲	1988 ▲	1986 ▲	1985 ■	1983 ■	1982 ▲	1981 ■
1978 ■	1975 ■	1970 ■	1966 ■	1964 ■	1961 ▲	1959 ▲
1955 ▲	1953 ■	1949 ■	1947 ■	1945 ▲	1929 ●	1928 ■

图例

总体成功

相当成功，高品质，产量大

成功度不一，有些产量，风味迷人

新酒，富有果香，前途无量

达到一定程度成熟且将继续成熟

正当绽放时期，可继续贮藏

达到巅峰时期

果香馥郁，柔和有劲
相当平衡，高雅细致
强劲有力，极其细腻，富有香气

● 细致高雅，富有果香
■ 平衡饱满，“烧烤”气息浓
▲ 复杂丰富，有活力

● 细致高雅，富有果香
■ 平衡饱满，“烧烤”气息浓
▲ 复杂丰富，有活力

4

从酒窖到餐桌 DU CHAI À LA TABLE

品鉴细则

虽然葡萄酒品鉴需要使用特定的词汇，但是它们并不深奥，只要有一定的经验和方法就可以掌握。专业资料同样也服务于宴酣之乐。

品鉴并不等同于品尝。葡萄酒不仅仅是饮料，还是一项文化产品。品鉴绝非一门深奥难懂的学问，而是一系列人人可及的方法或技巧的集合。它教会我们发现、辨别和欣赏葡萄酒的各种特质（可被感官觉察的属性）。因此，这就需要用到我们的感觉器官，也因此，品鉴带有先天的主观性。两个人品鉴同一杯葡萄酒可能结果不同，因为他们各自的感觉阈值和嗅觉参照不

难以捉摸的因素

一些人们想不到的细节总是会影响品鉴体验。一般存在着很多无法预测的因素，比如天气情况和大气压，在严寒天气与在温和晴朗天气品尝葡萄酒给人的感觉并不相同。有时候可能是环境差异以及情绪变动造成的，而不是葡萄酒有什么变化，但这也会对品鉴结果产生影响。比如，喷了气味过浓的香水、靠近散发香气的花束或者其他干扰气味，这些都有可能干扰嗅觉体验。视觉信息也同样重要。通过观察葡萄酒的颜色便可对葡萄酒的品质了然于胸，此时，光线的作用不可不察。因此要尽量避免霓虹灯光（霓虹会让颜色变绿）、有色灯泡，甚至连可能会改变光线的有色墙体也要避免。

同。[事实上，我们每个人都有自己的嗅觉记忆和自己的“普鲁斯特的玛德莱娜蛋糕”（法国作家普鲁斯特在其巨著《追忆似水年华》中提及的一种点心，中年的普鲁斯特每每尝到它，便会立刻沉浸到对其童年的美好回忆中，在此意指带有某种味道，让人对其有着特殊记忆的东西——译者注）]。每个人去辨别、认识和阐释一种感觉的差异导致了品鉴结果的不同。

对于专业人士来说，品鉴需要掌握专业词汇，并熟悉那些经验老到的饮酒者都知道的品质梯度。虽然这些专业资料看起来索然无味，但是它们都为达到一个目的而服务：享受在葡萄美酒中流连忘返的乐趣和觥筹交错的欢愉。

无干扰的易感的精神

由于品鉴需要用到我们的感觉器官，因此在品鉴时，无拘束的精神显得尤为重要，此时每种感官的感受性可达到最佳状态。因此，最好不要在就餐时进行品鉴，以便把精力集中在葡萄酒上，晨末或傍晚时分最为适宜，因为那时，我们的感官因为饥饿而非常敏感。当然，还要避免在生病或者疲劳时以及刚吃过口味较重的食物（香烟、咖啡、薄荷、茴香……）后进行。

为了尽可能在最合适的环境下进行品鉴，周围的灯光要明亮，不能太热也不能太冷，去除干扰气味，并做好隔音。品鉴时，最好在白色台面上（白桌子、白桌布、白纸）进行，以便更好地欣赏葡萄酒的颜色。还应根据品酒

横向、纵向……

这两个词指的是两种品鉴方式：横向品鉴是指对同一年份、同一法定产区几种不同类型葡萄酒的品鉴。它便于全面了解某一年份和某一片风土的葡萄酒，同时便于发现一个产区某个年份葡萄酒的总体风格。纵向品鉴是指对同一类型但不同年份的葡萄酒的品鉴，这场时间之旅便于了解葡萄品种、风土、酿酒师风格的特点。通常情况下，纵向品鉴需要从最新的年份酒进行，一直到最陈年的年份酒，通过品鉴大量不同年份的葡萄酒，可展现一个酒庄的历史发展全程。

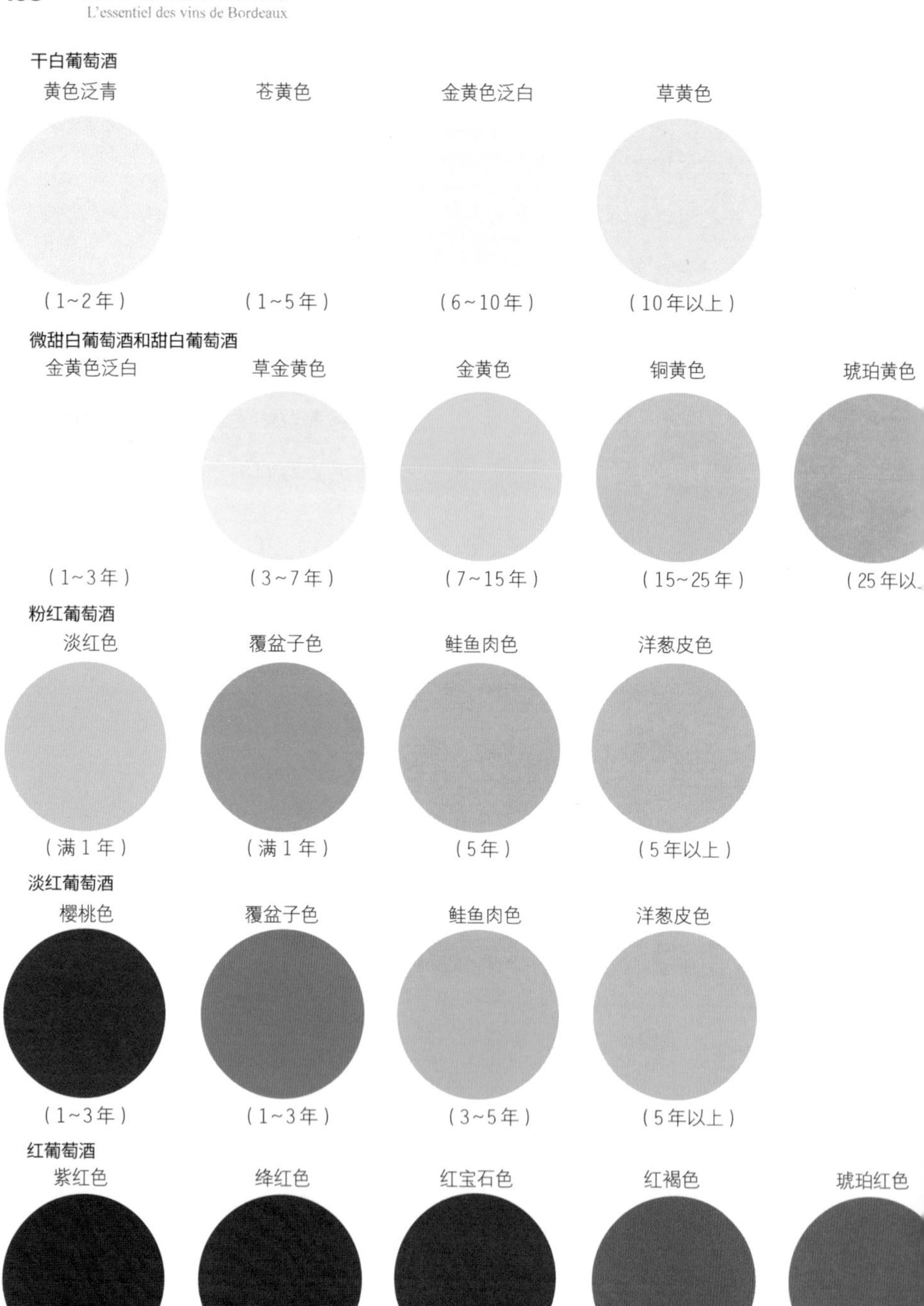
干白葡萄酒
黄色泛青
（1~2年）
苍黄色
（1~5年）
金黄色泛白
（6~10年）
草黄色
（10年以上）
微甜白葡萄酒和甜白葡萄酒
金黄色泛白
（1~3年）
草金黄色
（3~7年）
金黄色
（7~15年）
铜黄色
（15~25年）
琥珀黄色
（25年以
粉红葡萄酒
淡红色
（满1年）
覆盆子色
（满1年）
鲑鱼肉色
（5年）
洋葱皮色
（5年以上）
淡红葡萄酒
樱桃色
（1~3年）
覆盆子色
（1~3年）
鲑鱼肉色
（3~5年）
洋葱皮色
（5年以上）
红葡萄酒
紫红色
（1~2年）
绛红色
（1~5年）
红宝石色
（10年）
红褐色
（10~20年）
琥珀红色
（20年以上

师的人数，事先准备好若干器皿，以备品酒师在品鉴过程中吐酒之需。

使用哪种杯子

盛放葡萄酒的容器的选择同样至关重要。请使用无味透明的高脚酒杯，杯子的形状最好是底部鼓起、顶部收敛以便于聚拢葡萄酒的香气。在品尝波尔多葡萄酒时使用郁金香型的葡萄酒杯就非常合适。最后需要提醒的是：为了便于葡萄酒的香气集聚在杯口处，需要将葡萄酒斟至酒杯的 1/3 处，千万不要斟满。进行品鉴时，倒入恰好一厘米高的葡萄酒就足够了。

品鉴步骤

品鉴需要有组织、有次序地进行。关键是要知道葡萄酒品鉴所包括的三个连续的步骤：

——视觉

——嗅觉

——味觉

前两步中的任何一步都只产生一个确定的感觉，而第三步却融合了味觉、嗅觉、触觉三个感觉。也正是因此，第三步的感觉十分丰富。

第一步：眼睛

视觉观察是品鉴葡萄酒的第一步。通过这一步，品酒师可以通过短暂视觉体验，发现有助于进行后面步骤的宝贵信息。这一步主要分析葡萄酒的颜色、浓度、清澈度和光泽。

葡萄酒的颜色指的是酒体的颜色和葡萄酒的反光。葡萄酒的颜色随着其陈年氧化而发生变化。它是葡萄酒年龄的显示器。新酿的红葡萄酒颜色近紫色，甚至近蓝色。越陈年，其颜色越偏向黄色，呈泛褐色或橘色反光，也

葡萄酒的颜色

粉红葡萄酒和淡红葡萄酒

鲑鱼肉色，酒龄：1~3年，新酒。

淡红色，酒龄：1~3年，新酒。

红葡萄酒

紫红色，酒龄：1~2年，新酒。

红宝石色，酒龄：3~5年，新酒。

石榴红色，酒龄：7~10年，成熟葡萄酒。

红褐色，酒龄：10年以上，老酒。

干白葡萄酒

苍黄色，1~2年，新酒。

草黄色，3~5年，新酒。

甜白葡萄酒

金黄色，3~10年，新酒。

深金黄色，10~15年，成熟葡萄酒。

琥珀色，酒龄：15年以上，老酒。

叫“砖瓦色”，这是陈年葡萄酒的颜色特征。

葡萄酒颜色的强度和密度反映了其稠度，稠度受到酿造方式的影响。比如，在酿制红葡萄酒的浸渍环节，要同时进行色素物质和单宁物质的提取。因此，波尔多红葡萄酒颜色深红且密度高，通常构架感强。若酒体颜色浅且密度低，它的层次感就会较轻。

清澈就是指葡萄酒中没有混浊物，看起来非常清透。总体来说，法定产区葡萄酒都是清澈的。但是，在葡萄酒陈年过程中，骤冷或者其他偶然状况都有可能使葡萄酒变得混浊，比如出现悬浮颗粒（飞旋物和絮状物），酒杯底部有色素沉淀物或酒石沉淀物。近年来的葡萄酒必须经过澄清环节。然而，越来越多的红葡萄酒，尤其是白葡萄酒，特别是有机葡萄酒产品和生物

葡萄酒颜色强度梯度

− 深暗的
深浓的
深的
强烈的
中等的
轻柔的
\+ 微弱的

葡萄酒清澈度梯度

− 透明的
清澈的
不透光的
模糊的（朦胧的）
昏暗的
混浊的
脏的
乳状的
\+ 泥状的

葡萄酒光泽度梯度

− 晶莹的
光耀的
鲜亮的
暗淡的
\+ 灰暗的

动态葡萄酒产品，在装瓶前都没有经过过滤环节。这种现象是正常的，它取决于葡萄酒酿造者的选择。因此，在按步骤进行滗清环节前，搞清楚人们是否接受这种类型的葡萄酒是很有必要的。

光泽源于葡萄酒中的酸性物质，它是葡萄酒活力程度的标识。光泽鲜亮（尤其是白葡萄酒）则表明该葡萄酒的酸性强且较新鲜，而光泽暗淡则表示该葡萄酒已经完全成熟，光泽灰暗则表示该葡萄酒步入衰退期。

对此，需提及的是，有意未加过滤的葡萄酒表现为轻度混浊，在此情况下，滗清对于解决混浊不起任何作用。

视觉检测技巧

不管是白葡萄酒、红葡萄酒还是粉红葡萄酒，

葡萄酒的视觉特征总体可以按照以下步骤进行鉴赏。

从杯脚拿起酒杯（或者底部），用拇指和食指拿，以免手遮挡葡萄酒（也避免手的热量传导到葡萄酒上）。

把葡萄酒端至眼睛的高度，移至光源处，以便通过观察葡萄酒的透明性来检视颜色及强度。

接着，从葡萄酒上方开始观察，把酒杯放在白色支撑物上，稍微倾斜使葡萄酒液面（圆形）变为椭圆形。这个方式便于观察葡萄酒的反光度、清澈度和光泽度。

让葡萄酒轻轻滑过葡萄酒杯内壁：沿杯壁流淌的酒滴称为“酒泪”或者“酒腿”，其数量、大小、下滑速度表示了葡萄酒的酒精含量、黏稠度和酒体丰富度。

对于起泡葡萄酒，气泡的品质通过以下几点来观察。

——倒出来的葡萄酒其泡沫的持久性。

——泡沫的数量和细腻度。

——是否形成连续的（或断续的）气泡细流，是否在葡萄酒液面形成环状气泡。

嗅觉机制

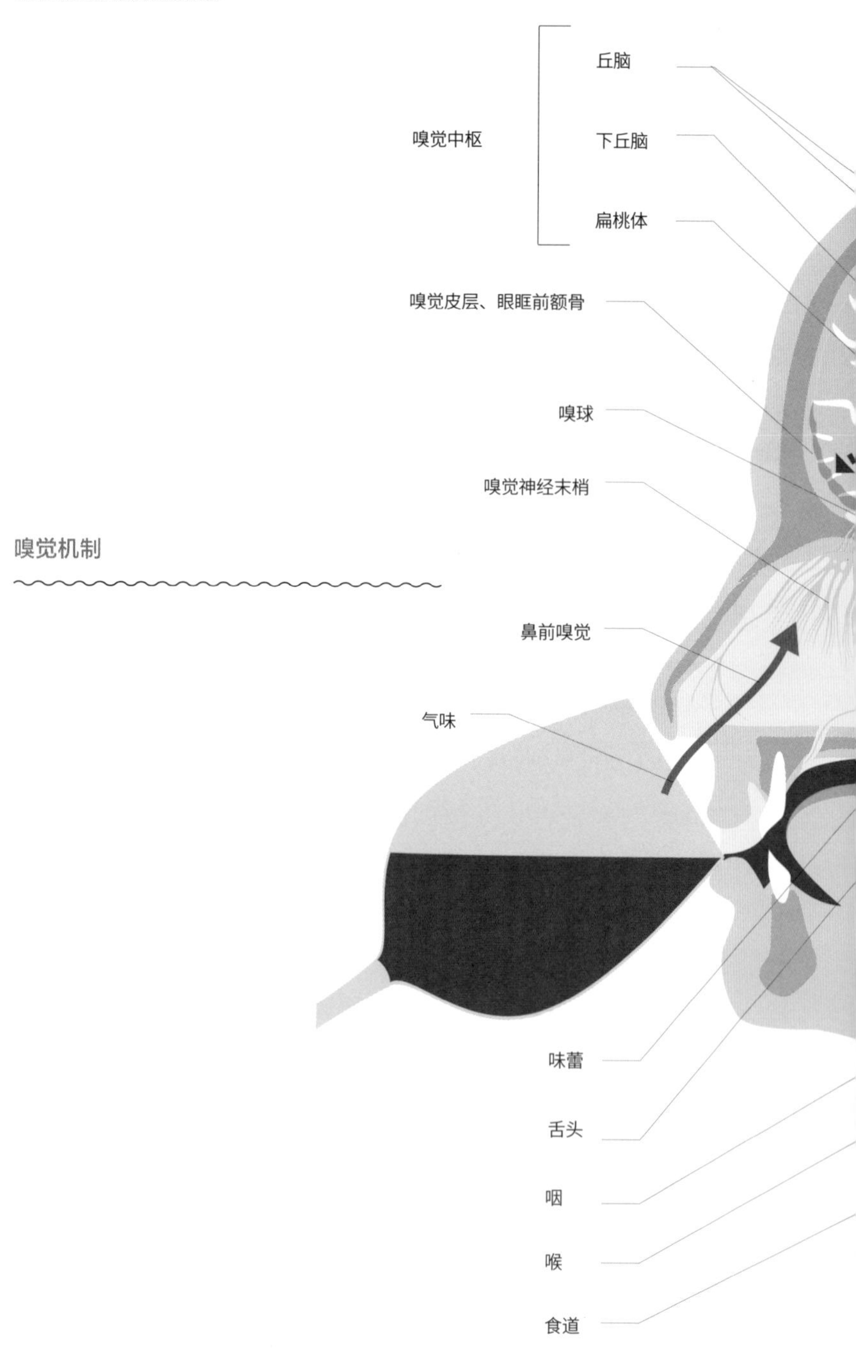

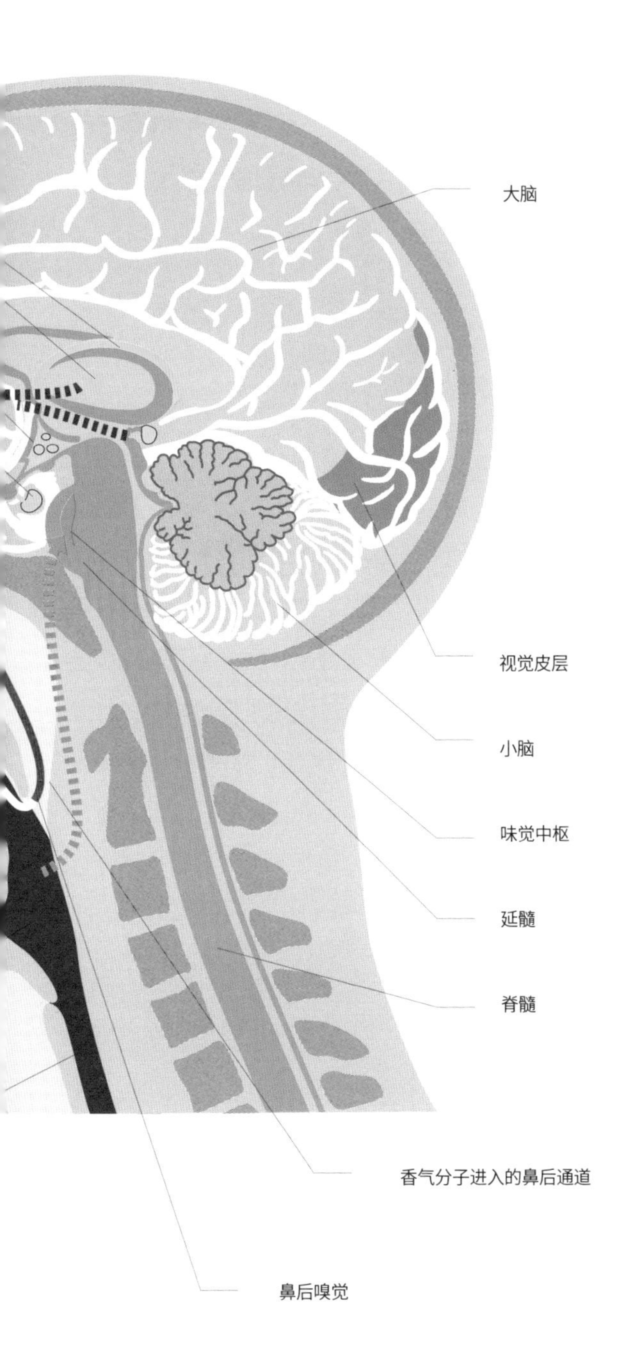
大脑
视觉皮层
小脑
味觉中枢
延髓
脊髓
香气分子进入的鼻后通道
鼻后嗅觉

第二步：鼻子

嗅觉观察是品鉴的第二步。这一步是为了测定葡萄酒所散发的不同香气并确定葡萄酒的烈度（弱、中等、强、强劲……）和品质（新鲜、细致、高雅、开放、年轻、表现力……）

两种嗅觉

鼻子是嗅觉器官。香气分子随着空气进入鼻孔，接着被传送并集中到鼻腔内部，而鼻腔内长有一种非常敏感的黏膜叫作“嗅觉黏膜”，在这种黏膜的表面生长了嗅觉纤毛，而纤毛是与黏膜上方的大脑部分（嗅球）直接相连的神经元的延伸体。香气分子在嗅觉黏膜上发散并与嗅觉纤毛相遇，嗅觉纤毛通过神经元将信息传递到嗅球。大脑检测分析

形色各异的波尔多葡萄品种

红葡萄品种

赤霞珠：高雅、层次感强、富有黑色水果香气（黑茶藨子、桑葚、香料、李子、胡椒）、带有动物气息、新鲜味酸、单宁结构强。

梅洛：富有黑色水果香气（樱桃、桑葚）和紫罗兰的香气，带有动物、甘草、松露（根据其产出的风土不同，出现的松露气息或浓或淡）。烘烤的气息，丰腴顺滑，是对赤霞珠单宁结构的补充。

品丽珠：富有红色水果香气（覆盆子、樱桃），带有花朵、香料气息，单宁结构强，但是单宁柔软。芳香十足、味酸新鲜。

味而多：黑色水果气息浓烈（桑葚、黑茶藨子、越橘类），同时伴有紫罗兰、鸢尾花、薄荷脑和甘草的香气。汁稠且坚实。

白葡萄品种

赛美浓：丰富柔和、油腻细致、味道鲜美，带有杏仁、榛子、新鲜黄油、梨子、洋槐花、杧果、糖渍杏子、桃子的香气。所酿成的甜葡萄酒富有糖渍橘类水果、蜂蜜、烘干水果（杏仁、榛子）、无花果、新鲜核桃的香气，初酿的葡萄酒，香气微妙素淡，在木桶中窖陈之后芳香浓烈。尝在口中，结构柔软、圆润饱满。与苏维翁自然互补。

苏维翁：新鲜、味酸而不失圆润、活力和复杂感。这个品种葡萄富含挥发性硫醇（产生黄杨和染料木香气的化合物）。橘类水果气息浓（柠檬皮、柚子、枸橼），伴有黑茶藨子嫩芽、白桃、梨子、栀子花的香气，带有热烟气息（火石、火药）。

密斯卡岱：芳香馥郁，有麝香味。圆润、酸度低。带有橙子皮、橘子、忍冬、洋槐花和麝香气息。

传送来的信息，如果能将其识别，大脑则相应地会做出某些反馈。

香气越易挥发、浓度越大，受刺激的嗅觉纤毛也就越多，经大脑分析的嗅觉感受便越清晰有力。

香气有可能通过两种途径到达嗅觉黏膜：

鼻前嗅觉——通过鼻孔呼吸——对香气的感受直接取决于空气中这种香气分子的丰富度和呼吸力度。

鼻后嗅觉——从口腔内侧通往鼻腔内侧——葡萄酒在口中的升温，舌头运动和脸颊运动使其在口腔内的铺展，吞咽过程中产生的口腔内微过压，这些都有增强香气散发的效果。

因此，鼻后嗅觉通常要比鼻前嗅觉效果更加完美突出。

葡萄酒中存在三种类型香气

第一阶段香气：用于酿造葡萄酒的不同品种葡萄散发的香气。

第二阶段香气：葡萄酒发酵过程中产生的香气。

第三阶段香气：葡萄酒窖陈或者贮藏过程中产生的香气。这时的香气可能是由盛装葡萄酒的容器带来的，比如橡木桶，或者是由第一阶段香气发展而来的。

经过复杂混酿而成的葡萄酒的各种香气，在瓶内混合交融形成了我们所谓的酒香。

香气分类

香气可以归为十一大类（详见第 169 页）。

一些香气令人舒服，而另一些则让人不舒服，但在现实生活中，舒服和不舒服间的分界线往往是模棱两可的。这是因为同样一种香气，若在某种葡萄酒中浓度低，被视为该葡萄酒的优点；若是浓度高或者出现在不常出现的葡萄酒类型中，则被视为缺点。

此外，香气的品鉴也取决于个人的偏好。

嗅觉品鉴技巧

葡萄酒香气分子的散发产生酒香，而散发又受品鉴时的温度和葡萄酒的通风状况的影响。因此，在正确把握葡萄酒杯后，再分两步进行嗅觉观察。

嗅觉品鉴第一步：

拿好酒杯，不要晃动葡萄酒，将鼻子慢慢靠近杯子，在离杯子约 10 厘米的地方开始嗅闻葡萄酒，然后一厘米一厘米靠近，最后停在酒杯的正上方。第一步观察用于测定葡萄酒的烈度、品质，并发现葡萄酒最易挥发的香气。

嗅觉品鉴第二步：

旋转葡萄酒杯使葡萄酒与空气充分接触，接着再次嗅闻葡萄酒。这样做是为了使第一次闻的葡萄酒的香气更加强烈，并使其他不易挥发的香气散发出来。张开嘴轻轻嗅闻葡萄酒可作为一项补充观察，此时会发现有更多其他香气出现。

十一类香气

香气分为以下十一大类

动物类、香脂类、木头类、化学类、香料类（增加香气）、焦香类、醚类（增加发酵气息）、花香类、水果类、矿物性、植物类

以下是这十一类香气所包含的香气类型。

动物类

野味、野味肉、红酒洋葱烧野味、皮革、毛皮、猛兽、哈瓦那比雄犬……

香脂类

松木、松子、树脂、产树脂的树木……

木头类

橡木、木头、新鲜木头、干木头、潮湿木头、铅笔、雪松木、烟草木、黄烟丝烟草……

化学类

酒精、薄荷脑、葡萄酒醇香、碘类、湿海风、醛化、陈年葡萄酒……

香料类

小茴香、茴芹、八角茴香、大茴香树、茴香、桂皮、生姜、刺柏、丁子香花蕾、肉豆蔻、黑胡椒、绿胡椒、红胡椒、罗勒、绿薄荷、辣薄荷、百里香、迷迭香、牛至、月桂沙司、大蒜、甘草、香草果、黑丝烟草、松露、鸡油菌、牛肝菌、羊肚菌……

焦香类

烟、烟熏、调味汁、烘烤、烤面包、焦糖、（供焚烧的）香、焦石、火石、火药、木炭、焙炒咖啡、可可粉……

醚类

青苹果、青香蕉、戊醇糖、酸味糖……

花香类

洋槐花、橙子花、山楂花、蔷薇花、郁金香、忍冬、玉兰花、风信子、柠檬味植物、欧石兰、牡丹、玫瑰、鸢尾、紫罗兰、石竹、龙胆、染料木、春白菊、椴花、马鞭草、蜂蜜、蜂蜡……

水果类

新鲜葡萄、糖渍葡萄、科林斯式葡萄干、麝香、樱桃、欧洲甜樱桃、樱桃酒、樱桃核、李子、李子干、煮过的水果、木瓜、杏子、桃子皮、桃子核、榛子、开心果、野生浆果、越橘、黑茶藨子、

欧洲越橘、桑葚、醋栗、醋栗杈杆、覆盆子、草莓、欧洲草莓、甜瓜、香柠檬、柠檬、橘子、柚子、菠萝、熟透的香蕉、海枣、百香果、杧果、番木瓜、荔枝、新鲜无花果、无花果干、蜂蜜……

矿物类

火石、石英、页岩、石灰石……

植物类

草、草本、干草、葡萄叶、梗、卷须、青椒、红椒、揉搓过的黑茶藨子叶、枯叶、蕨类、马鞭草、椴树、茶、烟草叶、黄杨、青果、四季豆、豌豆、芦笋、朝鲜蓟……

香气

事实上，一切物质或材料都会散发香气。香气是一种易挥发的化学分子，经由空气传输而被我们的鼻子捕捉到。

如何使酒杯中的葡萄酒转动

这个动作可能会令新手望而生畏，但事实上，它很好掌握。开始要在一个铺好布（桌布最合适）的支撑平面上进行练习。手指捏着杯脚，稳稳地放在支撑面上，按顺时针方向转动，动作先缓慢，接着稍微快速转动酒杯。这种水平方向的旋转可使杯中的液体沿着杯壁有规律地旋转。旋转酒杯的动作不能太僵硬，而应该柔和且循序渐进。随着对这个动作的掌握，可以在没有支撑面的情况下，紧握杯脚再次重复进行这个动作，但要注意保证酒杯旋转保持在水平方向。

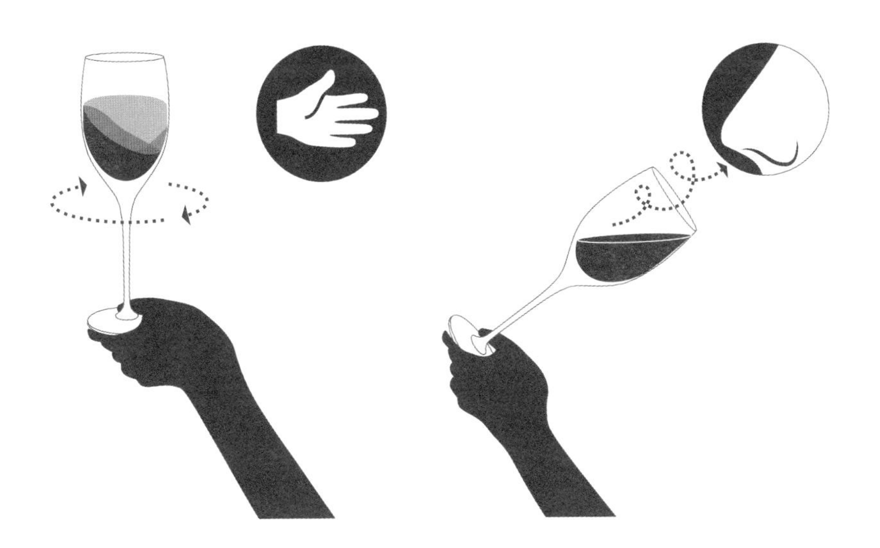

3 第三步：嘴巴

在进行味觉品鉴之前，思考一下味道的科学定义是非常有用的。

味觉基于有味道物质的组合，而这些物质有四种基本味道。

甜味。甜味被定义为给人以舒服、有点甜且芳醇可口的感觉。在葡萄酒领域，人们更常说到的是其芳醇可口的感觉，因为，人们所感觉的是一种类似于油腻和圆润黏稠的感觉，而不是甜味本身。

咸味。咸味被定义为唾液无法中和的、轻度扎嘴且刺激的特性。在葡萄酒领域，这种口感相对少见。

酸味。酸味被定义为具有尖锐或者刺激的特性，在舌头中心位置给人以紧缩感。

苦味。苦味被定义为给人以不舒服、涩口且顽固的感觉，经过唾液中和，味道会被稀释，伴有生硬感。高品质葡萄酒很少会出现苦味。

对于这四种味道，还要辅之以舌触和腭触（舌外感），以便于辨别这些刺激的层次。

力学刺激（涩口、收敛、干燥、层次感强、浓稠、柔顺、丝滑……）。通常是由于葡萄酒中的单宁物质引起的刺激。

热学刺激（热、冷）取决于饮用葡萄酒时的温度。

化学刺激（二氧化碳气体的刺激、酒精的灼热……）。

可怕的瓶塞味

尽管葡萄酒酿造者、搬运者、运输者、销售者都很努力，但一瓶葡萄酒仍难免会出现各种不足，这不仅影响了葡萄酒的基本品质，也妨碍了其所在风土的特色表达，更或让消费者难以下咽。这些不足可能是嗅觉层次上的，它们与葡萄酒的变化或者与其在配比、运输、存储中的瑕疵有关。最常见的问题是和瓶塞的味道相关（顺带说明，瓶塞的味道是一种气味，而不是通常所谓的味道），虽然这种情况在实际中很少见。这个不足难倒了葡萄酒爱好者和专业人士，为此人们也动过不少不切实际的念头，大家都知道这是技术原因引起的，只是葡萄种植者很难解决。这种气味是由环境中的一种分子（三羧酸）引起的，瓶塞中只要有微量就可以闻到。葡萄酒主要的污染媒介是软木塞，95% 的污染都和它有关。葡萄种植者在意识到这个问题后，便设法避免这讨厌的污染，如使用不易污染的塞子（聚合塞、合成塞，干白葡萄酒的保鲜螺丝瓶盖等）、在装瓶前检查木塞部分、定期检查酒窖的空气以及使用金属或者塑料瓶（塞）盖等。

红葡萄酒的平衡

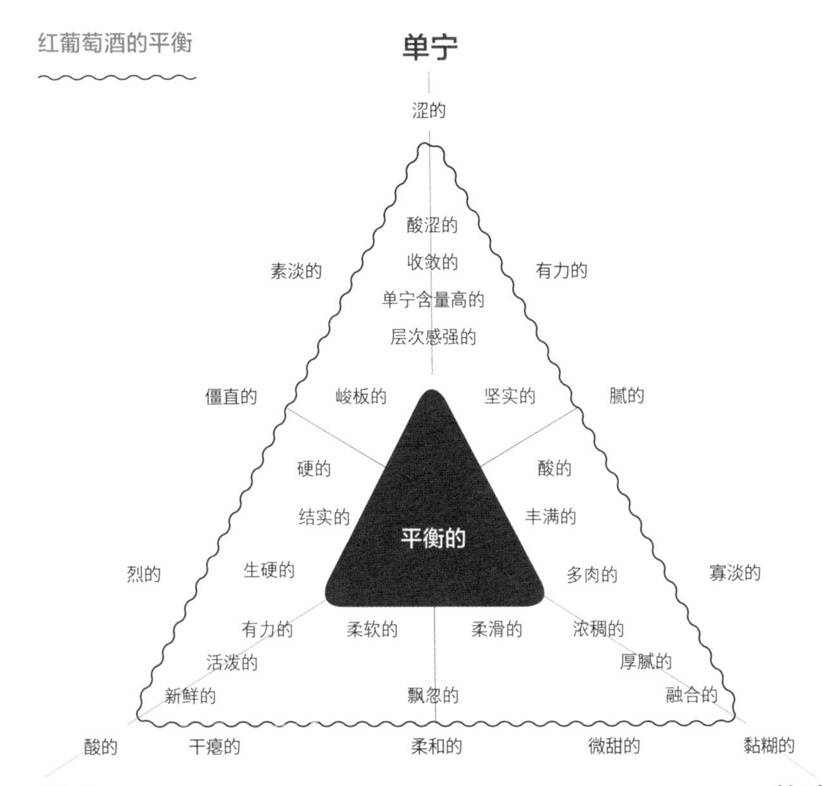

舌头生理学

舌头是品尝味道的最重要器官。舌头表面由很多称为味蕾的小传感器组成。其中的每个味蕾都有一个特殊的空间构造和形态，以保证对一些味道比对其他味道更敏感。当一种味道如甜味、酸味，被其相应的味蕾感应到时，它会产生一种兴奋或刺激,这种刺激会通过电流脉冲将信息传递到神经系统。

大脑检测分析这个信息，如果辨认出这个信息，大脑就会做出相应的指令：神经系统反应、唾液分泌……

有味物质的集中度越高，产生的刺激素则越多，传递到大脑的电流脉冲也就越多。此时，大脑也就会做出与有味物质集中度相应的指令。

味觉品鉴技巧

葡萄酒的味觉品鉴相当复杂。可以用以下方式进行分析：

嘬一小口葡萄酒，含在嘴里细细咂品，以使葡萄酒在口腔内来回滚动，让所有味蕾都受到刺激。这样有助于掌握不同的味觉感受以及葡萄酒的总体平衡性。

咂品葡萄酒的同时，用嘴吸一缕空气，然后通过鼻子将其呼出。吸入的空气会带有葡萄酒的香气，即使是最不易挥发的香气。通过这种方式呼出去，空气将把经过充分分解的酒香带给嗅觉，以作为嗅觉品鉴的补充。这就是鼻后嗅觉现象。

吐出葡萄酒，计算葡萄酒的嗅觉感在口中的持续时间，且香气浓度不得减弱。这段以秒计算的时间（尾韵）便是葡萄酒余香在口中持续的时间。此外，还要观察口中余香的品质。葡萄酒有一款美妙的余香非常重要，因为，最后的感受显露的信息最多。

白葡萄酒的平衡

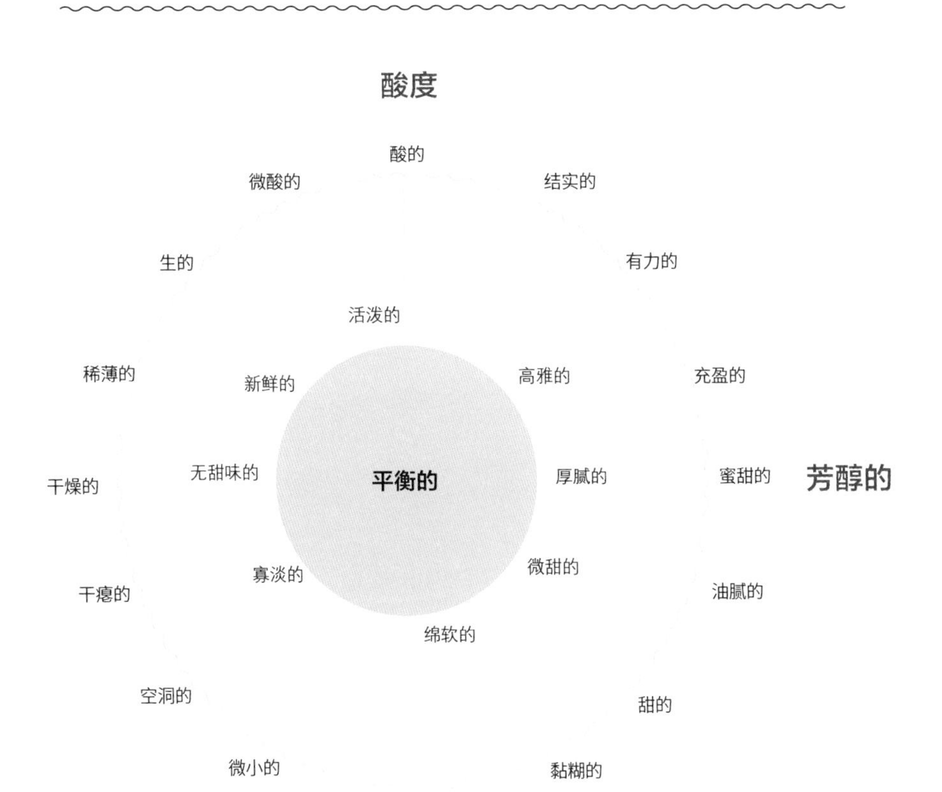
酸度
酸的
微酸的
结实的
生的
有力的
活泼的
稀薄的
新鲜的
高雅的
充盈的
干燥的
无甜味的
平衡的
厚腻的
蜜甜的
芳醇的
干瘪的
寡淡的
微甜的
油腻的
绵软的
空洞的
甜的
微小的
黏糊的
非常甜的

餐桌上

关键时刻到了。在黑暗的酒窖里耐心等待的瓶装葡萄酒终于来到餐桌上。正是在餐桌上，葡萄酒才最终圆满完成了它的使命，实现了它的存在价值。美酒最重要的使命便是配佐和烘托佳肴。如果因酒瓶中琼浆的原因而败坏了这餐桌的气氛，便实在太可惜了。以下介绍一些需要了解的注意事项。

正确开瓶

这是一个非常重要的细节：葡萄酒不可接触到金属封套，因此需要从瓶口的下沿割开封套。不转动酒瓶，用刀片沿瓶颈转动，将封套进行环割。如果瓶颈处有蜡封，则需轻轻敲打几下，以除去封蜡；在不晃动酒瓶和葡萄酒的情况下，用刀将瓶颈上端的封蜡去除最好。

现在，再来谈谈工具的操作。请用专用的开瓶器，将其金属钻头旋入木塞中心处，注意不要穿破木塞，然后将开瓶器的支脚放在瓶口上沿，接着轻轻上提手柄。整个操作过程中，要保持酒瓶不动。木塞拔出后，用白色抹布仔细擦拭瓶口部分。

适宜的温度

需要详细说明的是：

饮用温度对要品尝的波尔多葡萄酒的品质有很大程度的影响。以下是几点参考标准：初酿成的干白葡萄酒、起泡葡萄酒或淡红葡萄酒最适宜在7℃~11℃之间饮用；层次丰富且油滑的干白葡萄酒或甜葡萄酒则宜在9℃~12℃之间饮用更佳。

富有水果气息的初酿红葡萄酒的品鉴温度因季节不同而介于14℃~16℃之间（在夏天，饮用温度可低1℃或2℃）。陈年波尔多高品质红葡萄酒在16℃~18℃之间，其时嗅觉和味觉的细腻感可发挥到极致。

一定要注意季节变化！夏天，葡萄酒温度很容易在短时间内上升2℃~3℃。

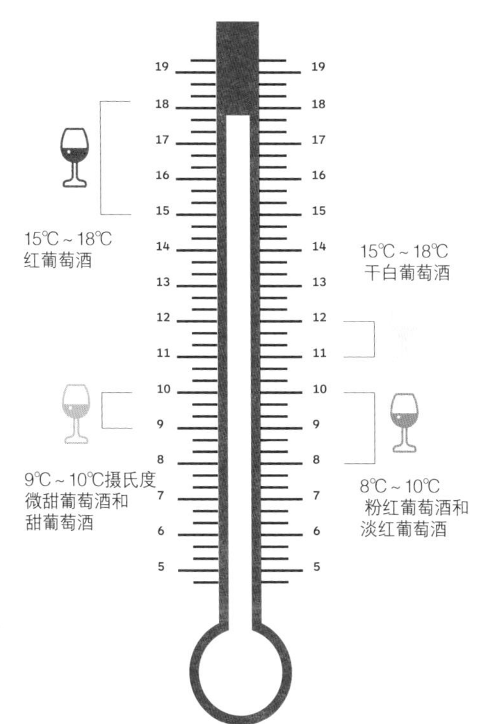

注意温度

酒香成分的散发受自身挥发性的影响，而挥发性又受饮酒时温度的影响。如果饮用时：

- 温度太低，葡萄酒不会散发香气或者散发少量香气。
- 温度太高会导致葡萄酒氧化、破坏，挥发的香气易串味或香气过浓。这些不足再加上高温冲击下的分解会影响口感。

葡萄酒饮用温度取决于葡萄酒的颜色、年龄、品质及其配餐类型。然而，不管什么类型的葡萄酒，都要使其逐渐适应饮用时的温度，避免贸然饮用受到温度冲击。最后不要忘记的是，一旦上酒，葡萄酒在杯中就会快速升温，并达到室内温度（在5~10分钟内上升2℃~3℃）。

使用什么类型的醒酒器

正如大家所知，葡萄酒香气的释放需要氧化作用，而氧化作用可能是葡萄酒最好的朋友，也有可能是其最大的敌人。酒瓶一旦被打开，葡萄酒就会和氧气接触：这瓶葡萄酒就要从“密封”阶段逐步过渡到“通风”阶段和“氧化”阶段。

不同阶段所需时间取决于葡萄酒的年龄和结构。通风阶段是品尝葡萄酒的最佳时期。葡萄酒或快或慢都要进入氧化阶段，这个阶段不适合品尝。

初酿葡萄酒比陈年葡萄酒更加需要氧化。陈年葡萄酒更加脆弱，应避免使其突然接触空气或过度曝光。因此，不同类型的葡萄酒需要使用不同类型的醒酒器。年轻葡萄酒使用的醒酒器开口更大，以使葡萄酒表面与空气接触的面积更大，便于

澄清：陈年葡萄酒

葡萄酒通风并释放出浓烈的香气。而陈年葡萄酒使用的醒酒器开口则较为狭窄，以便减缓通风速度，从而减少其与空气接触的面积（滗清）。

醒酒器：初酿葡萄酒

醒酒器通常是陈年七年以下的初酿葡萄酒所需要的工具。初酿的红葡萄酒在开瓶即饮的情况下，单宁结构过重而使口感不适且香气淡薄，这就是所谓的"封闭"酒。将其倒入醒酒器经过氧化作用，使其从"封闭"到完全绽放，葡萄酒释放香气，单宁更加圆润柔滑。所以醒酒便于更好地发现葡萄酒，让葡萄酒释放的香气更加馥郁。因此，初酿葡萄酒应该经过"通风"阶段，以便于人们充分鉴赏其复杂性。但大家不了解的是，不只是红葡萄酒需要使用醒酒器，一些纯正上等的白葡萄酒也同样需要通风，比如佩萨克－雷奥良产区和苏玳产区的白葡萄酒。

还有一个棘手的问题是：葡萄酒的通风需要多少时间？事实上，对此没有任何规定，每种葡萄酒都不尽相同。通常，葡萄酒的单宁越重，在醒酒器内的时间越长，越能发挥其细腻感。一般情况下，30~40分钟的通风对于品鉴葡萄酒的细腻度和复杂性足够了。

滗清：陈年葡萄酒

在醒酒器中滗清葡萄酒是个完全不同的概念，滗清是为了去除积聚在瓶底的沉淀物。不同类型、酒庄、年份的葡萄酒，其沉淀物的形状和密度也不同。这种沉淀物可能是酒石沉淀物（水晶状）或者色素沉淀物（呈泥状的微粒），或者二者的混合物。有些沉淀物附着在瓶壁上，有些沉淀物则在瓶中缓慢浮动。无论如何，沉淀物都不应被视为异常现象，恰恰相反，这是一瓶年份葡萄酒的自然象征。因此，在饮用一瓶有沉淀物的葡萄酒前，最好先将其倒入醒酒器内进行滗清以去除沉淀物。不过很显然，倒入葡萄酒的过程会导致通风氧化。陈年葡萄酒最平衡但非常脆弱，和空气的突然接触可能在数秒内将这种平衡破坏掉。因此，滗清应该尽可能缓慢进行以保持葡萄酒的完整性。在进行滗清前，千万不要忘记先品尝一点葡萄酒，以判断这种葡萄酒是否适合进行这种操作。

如何滗清葡萄酒

在进行滗清前，先让酒瓶在常温环境下竖立放置一小时。传统做法是将葡萄酒瓶放置在酒篮内（酒篮便于运送酒瓶，也便于缓慢倾倒葡萄酒），但是这样做并非是必须的。保持酒瓶不晃动，拔出瓶塞，先用几滴酒冲洗一下滗清用的醒酒器，然后将这少量的葡萄酒倒入杯中品尝。随后，点燃一支蜡烛（这也是可有可无的步骤，只要保证光线充足就可以了）。接下来进入倾倒环节。一手拿醒酒器，另一只手拿着酒篮（或者酒瓶），慢慢地倾倒葡萄酒，葡萄酒顺着醒酒器杯壁流淌而下。倾倒快结束时，将酒瓶底部靠近光源，以通过观察透明度来判定沉淀物的出现。在沉淀物即将到达瓶口时，快速而及时地竖起酒瓶，以避免沉淀物进入醒酒器。至此，便可享用葡萄酒了。

无限搭配

在餐桌上,波尔多葡萄酒的风味和细腻感方得以尽显。不过,美酒和佳肴该如何搭配呢?对此,确实有一些搭配法则需要遵循。人所共知,搭配选择关乎品位、兴趣和灵感,但同时也要因时、因人而异。无论是古典搭配法,还是求新的“探索”搭配法,都旨在将葡萄美酒与各种佳肴及美味搭配在一起。

一款初酿的干白葡萄酒,果香馥郁、清新微酸甚至强劲有力,一如春光乍现。这款酒可以搭配一小份混合脆沙拉,稍加调味醋(或者柠檬汁),佐以嫩熟的海螯虾、牡蛎、腌制野生鲑鱼或铝锡鲈鱼里脊。这款酒同样也非常适合做开胃酒,可以在食用新鲜羊乳酪、生水果或橘类水果冰糕后,减轻胃的负担。这款酒尤其适合配佐日式料理和各种生鱼菜肴。

丰富且富有果香,口感更加充沛持久的干白葡萄酒,可能是在木桶中酿制或窖陈的,这样的葡萄酒不禁让人联想到美味的地中海式午餐、浓味蔬菜、鱼类和白肉菜肴。与鸡油菌腓鲤或金枪鱼塔塔相配伍,可彰显其不俗品味。配以甜杏珍珠鸡、蔬菜馅饼、笋瓜或茄子饼、果冻蛋糕时,又不失其圆

波尔多葡萄酒和美食

波尔多葡萄酒和食物的搭配方式远不止一种。自古以来，人们常说，美酒配佳肴，此话不假，但这样的搭配不免使人有单调感，用餐也因此少了乐趣。美酒的作用不应该局限于此。晚上下班后，品尝一杯美酒，会体验到一种真正的放松和快乐；一杯开胃酒也会带来一个不一样的时刻；现代人越来越珍惜这样的时刻。晚餐上的开胃酒扩大并增强了这种情愫，并进一步成就了美酒与佳肴这样一对好搭档。按品质搭配不同菜肴对实现葡萄酒的价值依然是不可或缺的。

事实上，最佳的葡萄酒一定是张扬其产出风土特色的葡萄酒。有了它们，人们方能实现最完美的餐酒搭配。波尔多葡萄酒平衡且多样，是美食佳肴的理想配酒。它们在国际上享誉盛名，但其根本使命依然是为用餐带来欢乐。此外，它们还有一个宝贵却很少被人提及的功效：助消化。在18世纪，梅多克产区的葡萄酒，尤其是波亚克产区的葡萄酒，曾一度被人们当作药物服用。

波尔多葡萄酒健康美味，如果适量饮用，无疑会是人类的好伙伴。但是，一旦美味的波尔多葡萄酒遇到上等的美食，人们会情不自禁地多饮。在此，提请大家不要贪杯。

润和浓稠感。如果在混酿干白葡萄酒中，苏维浓是其主要配比成分，那么搭配首选松露菜肴（如果酒已陈年）或者中国美味或者日式料理，如蒸点心（即寿司）。此外，它和泰国北部及老挝所谓的伊桑（Isaan）菜肴的搭配也同样相得益彰，比如烤鸡肉、柠檬香肠、青柠檬粉丝鱿鱼沙拉、巧克力鱼奶冻……若是搭配一盘精制奶酪则更令人叫绝。

天然果香芬芳的起泡白葡萄酒搭配贝壳和牡蛎，重大场合时，再来几勺鱼子酱、草莓酱，更能烘托节日气氛。清淡的微甜白葡萄酒使经典黄桃烤鸭口感焕然一新，使昂贝尔奶酪、新鲜无花果、细腻的梨塔美不胜收。当然，还有其他的搭配方式可以一试：泰国料理如不过辣，则非常适合搭配微甜白葡萄酒；此外，它还非常适合搭配越南菜和印度菜，尤其是印度北部地区莫卧儿菜肴（味浓、甜香料多、奶油重的菜肴）以及辣椒适量的墨西哥菜。

口感持久且集中的甜白葡萄酒，配上葡萄煎肥鹅肝、精美野味、松露小母鸡、赫赫有名的羊乳干酪、可口的斯提耳顿干酪、甜点或者微甜的糕点，很显然会令人心醉神往。微甜葡萄酒和异域风情菜肴（泰国、越南、印度）的搭配同样适用于甜葡萄酒，甜葡萄酒的坚实抵得住菜肴香料的侵袭，而其

细腻感配上味道足的中国菜（四川、云南、湖南）或印度菜或马来西亚菜，则更令人回味无穷。

新鲜且富有果香、柔滑清淡的红葡萄酒，配以美味羊肚菌牛腿肉、芥末奶油牛腰、布里干酪或者梨子酒，会营造出一种在餐馆或精致小酒吧里用餐的氛围。它是中产阶级家庭的配餐用酒，也是在餐馆用餐的上好配酒。

陈年更久、富有水果或动物气息、单宁感柔滑、口感更持久的红葡萄酒，配以各种烤肉（牛肋骨、牛里脊、牛排、T 字骨牛排、上等牛排、烤牛肉……）以及甜点和巧克力，美酒的魅力将尽显无遗。

陈年、强劲、有层次感、构架感强、充满活力、口感持久的红葡萄酒是高档餐饮的必备，它可以为波亚克牛奶羊后腿、母鹿里脊、杏仁奶油千层糕或者樱桃蛋挞这样的理想美味添光加彩。此外，还可以尝试以之来搭配油腻、鲜嫩、多猎物味的、微甜的精制伊比利亚黑脚猪火腿，以求一种无与伦比的味道。

在夏天的露天餐桌上或者在野营时，粉红葡萄酒或者淡红葡萄酒无疑是一种绝妙的选择。为保持新鲜，最好将酒放入冰桶中。它既可以搭配小盘枪乌贼，也可以搭配橄榄油羊乳奶酪、烧烤拼盘或烤鱼拼盘。吃中国菜的时候，绝不要忘了这种葡萄酒！

葡萄酒的
储藏

葡萄酒既强劲又脆弱。陈年的上等年份葡萄酒在运输和储存过程中，稍有闪失，便可能导致其发生质变。以下是妥善储藏葡萄酒的几点建议。

绝不能无视“葡萄酒是有生命的”这一根本法则。基于此，就葡萄酒在运输和储存过程中的注意事项提几点要求。

务必明白，对珍藏的葡萄酒而言，运输的风险最大。因此：

要求一：运输过程中，酒瓶始终保持竖立以避免葡萄酒溢出。

要求二：避免高温或低温环境下运输葡萄酒；要避免温差的产生，因为温差可能破坏葡萄酒品质。

要求三：葡萄酒经受不了颠簸摇晃，在饮用前要将其静置一段时间。

拥有一个好酒窖

酒窖选址：理想的酒窖应选择一处土壤板实的地下室，朝北方向留一个小通风口，且应远离一切振动源。

酒窖温度恒定: 在12℃~14℃。酒窖温度越低,葡萄酒的老化速度越缓慢,酒窖温度过高会加速葡萄酒老化。

酒窖湿度恒定：空气湿度为70%~80%。低于这个平均湿度，瓶塞可能会变得干燥，而高于这个湿度，木塞和酒标则有可能发生霉变。

光线尽可能柔和，避免霓虹灯光线的透入。

没有酒窖的情况

可以购买温度可调节的橱柜（“酒柜”），这样，葡萄酒可保存在理想温度条件下。或者，将葡萄酒储存在阴暗凉爽、温度变化小的地方。葡萄酒水平排列，瓶与瓶之间保留足够间隙，以保证酒瓶间的空气流通。

葡萄酒的饮用期

葡萄酒的饮用期取决于以下条件:

葡萄酒类型;

年份;

级别和葡萄酒产出地的风土条件;

酿造方法和窖陈方法;

酒瓶容量。

很显然,人们都知道存在着“大瓶效应”；在这个大容器里(150厘升),葡萄酒的老化速度减慢(通过瓶塞进入的氧气量相比75厘升的酒瓶要少),这就需要耐心等待。当然，通常值得等待。

贮藏酒窖的条件。

如果要对葡萄酒的饮用期有个最客观公正的评估，则必须综合考虑以上各个要素，尤其需要定期品尝葡萄酒,以把握其挥发程度。

如何阅读酒标

强制性标识

波尔多葡萄酒各业理事会的各业许可标识。

销售命名：法定产区名加上“法定产区”字样。

装瓶者身份：姓名、村镇、地区，必须标注“由某某装瓶”或“装瓶者某某”的字样。

使用酒庄名的散装酒：酒商的姓名和地址（或者公司名）以及葡萄种植者的姓名。

酒精度：酒精含量说明。

产地：标明进行葡萄采摘和葡萄酒酿造的各业理事会员的情况，以“法国产品”或“法国生产”或类似字样标明。

致敏物质标识

孕妇警示标识

名义容量或酒瓶容量

生产批号

非强制性标识

出品者标识，采摘年份和 / 或葡萄品名标识

法定产区葡萄酒传统标识：列级酒庄、中级酒庄……

- 波尔多产地标识和法定产区名或法定级别
- 酒庄装瓶或产权者装瓶
- 装瓶者的公司 / 姓名
- 酒精度

位置不固定的标识：

- 成分标签
- 孕妇警示标识
- 致敏物质标识

如何读懂酒标

选择一款葡萄酒是个真正的挑战，而破译酒标则让人无从下手。但依据大量信息来进行挑选则可以尽识其中区别。以下是两种酒标的解释，供挑选葡萄酒时使用。

含糖量相关标识（起泡葡萄酒必须标识）

生产方式相关标识：比如“由生态农业法产出的葡萄酿造而成的葡萄酒”……

计量标识或检查标识，即预包装者保证所售的包装酒与葡萄酒容器容量一致且经过特殊检查。

综合一览表

葡萄酒	特性	饮用期
粉红葡萄酒和淡红葡萄酒		1~2 年，淡红葡萄酒可达 3 年
干白葡萄酒	新酿、果香浓郁、新鲜平衡、微酸、口感持续时间中等	4~5 年
具有丰富果香的干白葡萄酒	平衡圆润且浓稠、口感持续时间长、有时会在橡木桶中进行酿造和窖陈	8~10 年，列级酒庄产出的可达 15~20 年
起泡白葡萄酒		4 年，甚至 5 年
微甜白葡萄酒	酒精含量和甜度相协调，微甜	8~10 年
甜白葡萄酒	酒精含量和甜度相协调，由于贵腐菌作用，甜度高且集中	50 年及以上
柔滑微酸红葡萄酒	层次感低、口感持续时间中等	3~4 年
初酿有果香红葡萄酒	平衡柔软、酸度适中、层次感一般、口感持续时间长	5~8 年
陈年红葡萄酒	富有果香和动物气息，平衡圆润、层次感非常模糊（单宁柔软），口感持续时间长	15 年，列级酒庄产出的可达 20~30 年
强劲红葡萄酒	富有果香和动物气息，口感持久，有层次感	30~50 年

L'ESSENTIEL DES VINS DE BORDEAUX

18 波尔多葡萄园

Charente-Maritime
Charente
Dordogne
布莱伊
波尔多布莱伊丘
布莱伊丘
宝迪
宝迪丘
弗龙萨克
卡农 – 弗龙萨克
拉朗德 – 波美侯
波美侯
吕萨克 – 圣埃美隆
高山 – 圣埃美隆
圣乔治 – 圣艾美隆
普色冈 – 圣艾美隆
波尔多福伦克丘
卡斯蒂隆丘
圣福瓦 – 波尔多
莱斯帕尔 – 梅多克
梅多克
圣爱斯泰夫
波亚克
圣・于连
里斯塔克 – 梅多克
穆里斯昂
玛歌
LESPARRE-MÉDOC
BLAYE
St-Savin
Bourg
Guîtres
Coutras
St-André-de-Cubzac
St-Laurent-Médoc
Castelnau-de-Médoc
Pauillac
St-Ciers-sur-Gironde
GIRONDE
DORDOGNE
GARONNE
Pointe de Grave

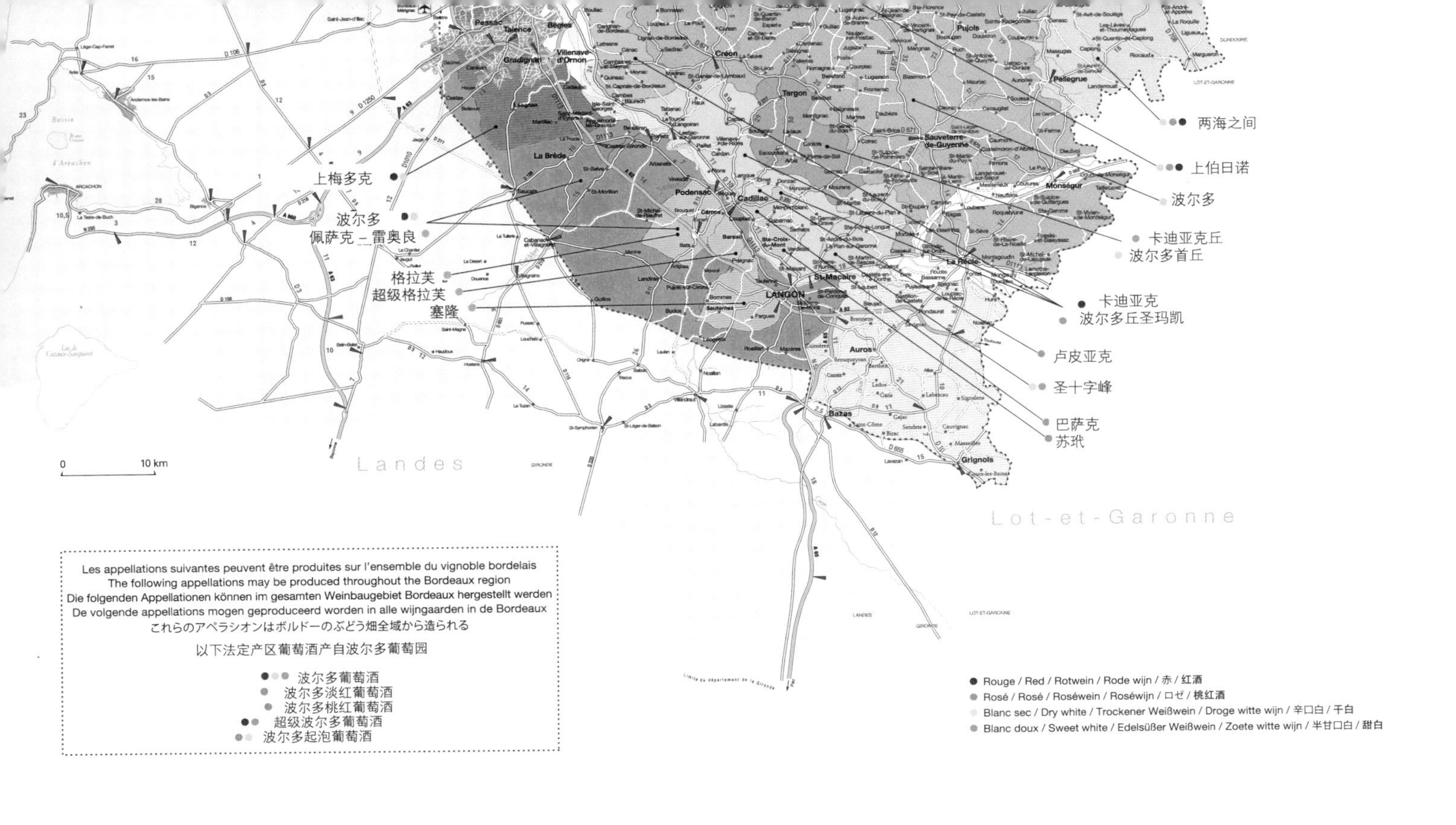

两海之间
上伯日诺
波尔多
卡迪亚克丘
波尔多首丘
卡迪亚克
波尔多丘圣玛凯
卢皮亚克
圣十字峰
巴萨克
苏玳
上梅多克
波尔多
佩萨克－雷奥良
格拉芙
超级格拉芙
塞隆
Landes
Lot-et-Garonne
Pessac
Talence
Bègles
Gradignan
Villenave-d'Ornon
Créon
Targon
Sauveterre-de-Guyenne
Pellegrue
Monségur
La Réole
La Brède
Podensac
Cadillac
St-Macaire
LANGON
Auros
Bazas
Grignols
Sauternes
ARCACHON
0
10 km
Les appellations suivantes peuvent être produites sur l'ensemble du vignoble bordelais
The following appellations may be produced throughout the Bordeaux region
Die folgenden Appellationen können im gesamten Weinbaugebiet Bordeaux hergestellt werden
De volgende appellations mogen geproduceerd worden in alle wijngaarden in de Bordeaux
これらのアペラシオンはボルドーのぶどう畑全域から造られる
以下法定产区葡萄酒产自波尔多葡萄园
波尔多葡萄酒
波尔多淡红葡萄酒
波尔多桃红葡萄酒
超级波尔多葡萄酒
波尔多起泡葡萄酒
Rouge / Red / Rotwein / Rode wijn / 赤 / 红酒
Rosé / Rosé / Roséwein / Roséwijn / ロゼ / 桃红酒
Blanc sec / Dry white / Trockener Weißwein / Droge witte wijn / 辛口白 / 干白
Blanc doux / Sweet white / Edelsüßer Weißwein / Zoete witte wijn / 半甘口白 / 甜白

数据来源

本书文中或图中列举的经济数据，均是指 2013 年度的数据，除非另有说明。

图片资料来源

图例：H 为上，B 为下

马修·安格拉达，10~11, 39, 152~153, 162, 188~189 页

吉勒·道泽克，55 页

文森·本格勒，86 页

阿兰·本鲁瓦，41、170、184、187 页

都妃酒庄，36~37 页

波尔多葡萄酒各业理事会，43B 页

帕特里克·克豪囊贝日，30, 52, 59, 61, 75, 81, 88~89, 101, 102, 111, 112, 113, 125, 132, 133, 135, 143, 146, 161, 182, 196 ~ 197 页

克里斯约朵夫·古萨 26~27，109 页

海关博物馆，40 页

OTB – T. Sanson，28 页

弗朗索瓦·博安塞，128 页

克莱德·皮让，154, 186 页

菲利普·罗约，14, 43H, 48, 51, 56, 62~63, 65, 73, 110, 121, 140~141, 138, 148 页

L'ESSENTIEL DES VINS DE BORDEAUX